U0181652

应用型本科规划教材

电气工程及其自动化

大学生
电子设计创新竞赛辅导
—— 电力电子系统开发

夏　鲲　袁　印　毛　峥

唐天赐　李雪庸　许　颀　等

·编著·

上海科学技术出版社

国家一级出版社
全国百佳图书出版单位

内 容 提 要

本书是基于全国大学生电子设计竞赛的创新竞赛辅导书。本书作者根据当代大学生电力电子教育环境,结合多年来潜心辅导学生参赛的经验和全国大学生电子设计竞赛的发展趋势,设计了一款教学辅助平台——X. Man电力电子开发套件。本书即围绕X. Man电力电子开发套件,以完成电力电子基本实验为出发点,以历届全国大学生电子设计竞赛赛题为例,锻炼学生将基本的电路原理、电路拓扑等知识运用于实践之中。

本书在第1章、第2章对X. Man电力电子开发套件的硬件和软件平台分别做了介绍。在读者了解该套件的功能及使用方式后,再进行后续章节电路设计的学习,包括直流-直流变换电路的设计、直流电子负载的设计、逆变电路的设计、均流电路的设计和功率因数矫正电路的设计等。

本书适用于高等院校电气工程及其自动化专业,以及工科引导性专业目录中的电气工程与自动化专业及其相关专业的本科生,也可供全国大学生电子设计竞赛参赛学生参考使用。

本书所涉及的视频教程及软件、代码,读者可扫描书中二维码免费获取。

图书在版编目(CIP)数据

大学生电子设计创新竞赛辅导 : 电力电子系统开发 / 夏鲲等编著. -- 上海 : 上海科学技术出版社, 2021.8
应用型本科规划教材. 电气工程及其自动化
ISBN 978-7-5478-5425-9

Ⅰ. ①大… Ⅱ. ①夏… Ⅲ. ①电子系统-系统设计-高等学校-教学参考资料 Ⅳ. ①TN02

中国版本图书馆CIP数据核字(2021)第144607号

大学生电子设计创新竞赛辅导
——电力电子系统开发

夏 鲲 袁 印 毛 峥 唐天赐 李雪庸 许 颀 等 编著

上海世纪出版(集团)有限公司 出版、发行
上 海 科 学 技 术 出 版 社
(上海钦州南路71号 邮政编码 200235 www.sstp.cn)
常熟市华顺印刷有限公司印刷
开本 787×1092 1/16 印张 15.5
字数: 400 千字
2021年8月第1版 2021年8月第1次印刷
ISBN 978 - 7 - 5478 - 5425 - 9/TM·73
定价: 69.00 元

丛书前言

---

20 世纪 80 年代以后,国际高等教育界逐渐形成了一股新的潮流,那就是普遍重视实践教学、强化应用型人才培养。我国《国家教育事业"十三五"规划》指出,普通本科高校应从治理结构、专业体系、课程内容、教学方式、师资结构等方面进行全方位、系统性的改革,把办学思路真正转到服务地方经济社会发展上来,建设产教融合、校企合作、产学研一体的实验实训实习设施,培养应用型和技术技能型人才。

近年来,国内诸多高校纷纷在教育教学改革的探索中注重实践环境的强化,因为大家已越来越清醒地认识到,实践教学是培养学生实践能力和创新能力的重要环节,也是提高学生社会职业素养和就业竞争力的重要途径。这种教育转变成具体教育形式即应用型本科教育。

根据《上海市教育委员会关于开展上海市属高校应用型本科试点专业建设的通知》(沪教委高〔2014〕43 号)要求,为进一步引导上海市属本科高校主动适应国家和地方经济社会发展需求,加强应用型本科专业内涵建设,创新人才培养模式,提高人才培养质量,上海市教委进行了上海市属高校本科试点专业建设,上海理工大学"电气工程及其自动化"专业被列入试点专业建设名单。

在长期的教学和此次专业建设过程中,我们逐步认识到,目前我国大部分应用型本科教材多由研究型大学组织编写,理论深奥,编写水平很高,但不一定适用于应用型本科教育转型的高等院校。为适应我国对电气工程类应用型本科人才培养的需要,同时配合我国相关高校从研究型大学向应用型大学转型的进程,并更好地体现上海市应用型本科专业建设立项规划成果,上海理工大学电气工程系集中优秀师资力量,组织编写出版了这套符合电气工程及其自动化专业培养目标和教学改革要求的新型专业系列教材。

本系列教材按照"专业设置与产业需求相对接、课程内容与职业标准相对接、教学过程与生产过程相对接"的原则,立足产学研发展的整体情况,并结合应用型本科建设需要,主要服务于本科生,同时兼顾研究生夯实学业基础。其涵盖专业基础课、专业核心课及专业综合训练课等内容;重点突出电气工程及其自动化专业的理论基础和实操技术;以纸质教材为主,同时注重运用多媒体途径教学;教材中适当穿插例题、习题,优化、丰富教学内容,使之更满足应用型本科院校电气工程及其自动化专业教学的需要。

希望这套基于创新、应用和数字交互内容特色的教材能够得到全国应用型本科院校认可,作为教学和参考用书,也期望广大师生和社会读者不吝指正。

丛书编委会

前　言

────────────

　　自 20 世纪中叶半导体问世以来，全世界的现代电力电子技术正以令人瞩目的速度发展，也在改变着我国工业的整体面貌。同时，对社会的生产方式、人们的生活方式和思想观念也产生了重大的影响。为了培养学生工程实践素质、提高学生针对实际问题进行电子设计制作的能力，教育部和工信部共同发起了全国大学生电子设计竞赛。该赛事是面向大学生的群众性科技活动，有助于推动高等院校信息与电子类学科课程体系和课程内容的改革。全国大学生电子设计竞赛自 1997 年开始每两年举办一届，截至 2019 年年底已成功举办了 14 届，成为大学生学术类竞赛的标志性赛事之一。

　　现代电力电子技术的蓬勃发展，衍生出了许多学习电力电子技术的开发产品。越来越多的套件、模块、开源代码等不断问世，创建复杂的电力电子工程从未像今天这般便捷。同时，全国大学生电子设计竞赛也受到了越发广泛的关注，X. Man 正是由此衍生而出。这是一款由上海理工大学现代电力电子实验室自主研发的电力电子开发套件，它以模块化理念为核心，打造了一个全新的 DIY 式电力电子工程开发环境。X. Man 电力电子开发套件不同于市面上其他常规电力电子开发平台，它是针对高等院校本科电力电子教学而开发的辅助教学工具，是一座连接理论与实践的"桥梁"，其功能基本覆盖了本科电力电子教学的重点和难点，可促进学生的动手能力，起到了以练促学的作用。目前 X. Man 电力电子开发套件已在上海理工大学电气工程及相关专业教学中被广泛使用，尤其是在全国大学生电子设计竞赛参赛团队中深受青睐。在使用该套件备赛的参赛团队中，获奖率高达 95%，其中国家奖获奖率达 25%，未来将在上海市其他高校得到进一步推广。X. Man 电力电子开发套件主要由核心开发板、液晶显示屏和通用半桥板三大部分组成，同时搭载自主研发的多功能串口示波器和多个例程，让开发者可以根据实际开发需求，构建出属于自己的电力电子开发平台。

　　作为一本入门级的电力电子开发教材，本书以详细介绍 X. Man 电力电子开发套件为主线，以电力电子技术为出发点，详细讲解了学习使用 X. Man 电力电子开发套件过程中可能遇到的各类问题，并提供了详尽的案例及实战代码作为参考。本书的写作初衷是从理论出发，使读者掌握各种纷繁复杂电路背后的本质，以不变应万变，从而让电力电子技术初学者快速入门,让电力电子技术开发者拥有模块化的电力电子开发平台;读者通过使用 X. Man 电力电子开发套件,掌握电力电子技术相关知识,为以后的学习打下良好的实战基础,以迎接未来电力电子行业的更新换代。

适合阅读本书的读者包括以下几类:

1. 研究电力电子及其相关领域的在校学生

本书拥有翔实的案例、注释详尽的代码,可以帮助读者通过 X. Man 学习电力电子技术相关知识、撰写论文、通过毕业设计和完成科研项目等。同时,本书也适合作为高等院校电力电子专业教程及实验教程的教学用书。

2. 初次接触电力电子开发、有一定 C/C++编程基础和电力电子元器件基础的初学者

作为一本定位为快速入门电力电子开发的教程,本书读者仅需要具备一些对电力电子器件的基础认知以及基本掌握 C/C++编程语言。

3. 想拥有一本全面的入门级电力电子技术开发工具书的电力电子技术开发爱好者

本书从基本的硬件布局、软件编写到综合性的功能应用均有详细的教程化讲解,更配有拓展性的研发启示,便于读者全面了解电力电子技术开发的过程或进行专项研究。

4. 全国大学生电子设计竞赛电源类参赛者

本书所涉及的部分案例改编自历届全国大学生电子设计竞赛真题。编写团队中不乏历届全国大学生电子设计竞赛全国一等奖、上海市 TI 杯获得者。本书案例均为读者提供了完整的硬件设计方案及详细注释的源代码。期待本书会成为读者备赛过程中的良师益友。

X. Man 由袁印设计构思,由唐天赐、毛峥、李涵进行实验。在本书的编写过程中,本人负责全书主要统稿,X. Man 的开发者袁印及其设计团队则给予了大量技术支持。在这里要感谢毛峥对全书框架的拟定;感谢唐天赐对书中每一项实验数据的细心调试和确定;感谢李雪庸、许颀辅助统稿;感谢王晗钰、李涵、黄剑光、袁庆庆、简钦、张子涵、李翔、谢明、袁帅等人的协助,他们参与了书中图片的拍摄和制作工作。同时,还要感谢上海理工大学现代电力电子实验室对此项目提供的大力支持,书中的所有程序均在现代电力电子实验室的电力电子套件样板上调试通过。

由于作者水平有限及时间仓促,书中难免存在错误和不当之处,恳请读者批评斧正。如有需要拓展相关知识,以及需要咨询或交流本书所述电力电子开发套件事宜的读者,可发送邮件到 new_energy@usst.edu.cn,以做进一步探讨。

夏鲲

2021 年 4 月于上海理工大学

目　录

第 1 章

硬件平台

本章内容 ————

　　本章将介绍 X. Man 电力电子开发套件的硬件平台。硬件平台主要可以分为核心开发板、液晶显示屏和通用半桥板三部分。本章将分别介绍这三部分的硬件平台结构，使开发者初步了解硬件的种类和选型，再通过原理图详解各电路模块的功能，深入学习 X. Man 电力电子开发套件，掌握其原理与使用方式。

本章要求 ————

　　1. 了解 X. Man 电力电子开发套件的硬件平台组成。
　　2. 了解 X. Man 电力电子开发套件的器件选型与重要参数。

1.1 X. Man 硬件平台简介

X. Man 电力电子开发套件的硬件平台包含核心开发板、液晶显示屏和通用半桥板三部分,本节将分别对这三者的硬件资源进行展开说明。

1.1.1 核心开发板简介

核心开发板实物如图 1-1 所示,包括:①核心处理器:STM32F103RET6,Flash:512 KB;②1 个红外接收头,型号为 HS0038,配套一款红外遥控器;③1 个 Micro-USB 连接器;④1 个 USB 转串口芯片,型号为 CH340G(见板子背面);⑤1 个模拟电压芯片,型号为 AMS1117-3.3,可实现 5 V 转 3.3 V 稳压输出;⑥1 个升压芯片,型号为 MC34064;⑦1 个降压芯片,型号为 XL7015;⑧10 路 PWM 输出接口;⑨6 路 ADC 接口;⑩2 路 DAC 接口;⑪1 个 SPI Flash 芯片,型号为 W25Q64,容量为 64 Mbit(见板子背面);⑫4 个普通按键;⑬1 个复位按键;⑭4 个 LED 灯。

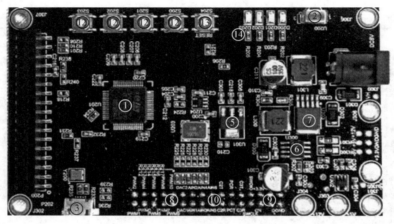

图 1-1 核心开发板实物图

X. Man 电力电子开发套件的核心开发板系统结构如图 1-2 所示。

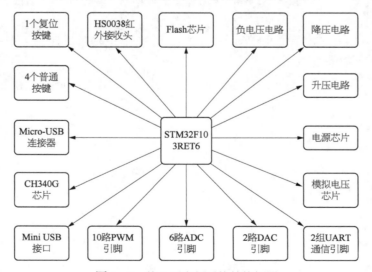

图 1-2 核心开发板系统结构框图

核心开发板硬件资源展开说明如下：

1）STM32F103RET6

核心开发板使用 STM32F103RET6 芯片作为 MCU。该芯片采用 72 MHz 的 32 - bit Cortex - M3 处理器、512 KB Flash、3 个 12 位 ADC、2 个 16 位基本定时器、4 个 16 位通用定时器、2 个 16 位高级定时器、2 个 24 位看门狗定时器、2 个 IIC 接口、5 个 USART 接口、3 个 SPI 接口、1 个 CAN 接口、1 个 USB2.0 接口、1 个 SDIO 接口和最多 112 个通用 I/O 口。

2）复位按键

核心开发板板载的复位按键，用于复位 STM32 核心开发板及液晶显示屏。此按键在开发板上的标记为 RESET。当按键按下时，STM32 核心开发板和液晶显示屏将会同时完成复位。

3）4 个普通按键

核心开发板板载的四个普通按键可以用于按键输入，实现人机交互。四个按键分别通过各自的限流电阻连接在 STM32 的 4 个 I/O 口上：PC0、PC1、PC2 和 PC3，采用总线通信方式采样。

4）Micro - USB 连接器

核心开发板板载的 Micro - USB 连接器比标准 USB 和 Mini USB 连接器更小，节省了更多空间。该连接器用于连接 CH340G 芯片，实现 USB 转串口功能。

5）CH340G 芯片

核心开发板板载的 USB 转串口芯片型号为 CH340G。通过此芯片可以实现 USB 转串口，从而实现 USB 下载代码、串口通信等功能。

6）Mini USB 接口

核心开发板板载的一个 Mini USB 接口，用于实现 STM32 与 PC 机的 USB 通信，连接的是 STM32F103RET6 自带的 USB 模块。

7）10 路 PWM 引脚

核心开发板搭载了十路 PWM 引脚，分别与 STM32 的 PA8、PA9、PA10、PA11、PB6、PB7、PB8、PB9、PB14 和 PB15 连接。其中六路 PWM 为带死区的 PWM 输出口，满足三相全桥电路驱动的要求；另外四路 PWM 为无死区的 PWM 输出口，适用于控制开关管驱动芯片等。

8）6 路 ADC 引脚

核心开发板搭载了六路 ADC 引脚，分别与 STM32 的 PA0、PA1、PA6、PA7、PB0 和 PB1 共 6 个 I/O 口相连。

9）2 路 DAC 引脚

核心开发板搭载了两路 DAC 引脚，分别与 STM32 的 PA4 和 PA5 这两个 I/O 口相连。

10）2 组 UART 通信引脚

核心开发板搭载了两组 UART 通信引脚，分别标记为 UART2 和 UART3。其中 UART2_TX 连接 PA2，UART2_RX 连接 PA3，UART3_TX 连接 PB10，UART3_RX 连接 PB11。

11）模拟电压芯片

核心开发板搭载了 SGM2019 模拟电压芯片，用于提供稳定的 1.2～5.0 V 的模拟电压输出。SGM2019 是一款低功耗、低噪声、低输出的模拟电压芯片，其输出电压幅值范围为 2.5～5.5 V，适合于 USB 模块的 5 V 电压输入。

12）电源芯片

核心开发板的电源芯片型号为 AMS1117 - 3.3,通过该芯片可以将 5 V 电压转换为 3.3 V 电压,可以为 MCU 提供稳定的电源电压。

13）升压电路

核心开发板搭载了升压电路,该电路主要由 MC34063 升压芯片构成,可将 5 V 电压转换为 12 V 电压。

14）降压电路

核心开发板搭载了降压电路,该电路主要由 XL7015 降压芯片构成,可形成高压(输入电压可达 80 V)DC/DC 降压稳压电路。

15）负电压电路

核心开发板搭载了负电压电路,可将 5 V 电压转换为 -5 V 电压,解决了一些典型应用中通常需要负电压源供电的问题。

核心开发板通过搭载升压电路、降压电路和负电压电路实现了 -5 V、3.3 V、5 V 和 12 V 的稳压输出,极大程度地解决了 STM32 与各类外围芯片共同构成嵌入式系统时的供电问题。在核心开发板上,圆孔 J303 为 5 V 输出、圆孔 J304 为 12 V 输出、圆孔 J305 为 -5 V 输出。

16）Flash 芯片

核心开发板搭载的 Flash 芯片型号为 W25Q64。该芯片的容量为 64 Mbit,可直接从双路或四路 SPI 执行代码,该芯片的工作电压范围在 2.7~3.6 V 之间。

17）HS0038 红外接收头

HS0038 是一款红外接收探头,接收红外信号的频率为标准的 38.0 kHz,周期约为 26 μs。其功能是用于接收红外遥控器的信号,核心开发板配备了一款红外遥控器,以便进行有关红外操作的实验。

1.1.2 液晶显示屏简介

液晶显示屏实物如图 1 - 3 所示,包括:1 个触摸屏控制器,型号为 XPT2046;8 个触摸屏控制按键。

液晶显示屏硬件资源展开说明如下:

图 1 - 3 液晶显示屏实物图

1）液晶显示屏

液晶显示屏为 3.5 英寸(注:1 英寸＝2.54 cm)LCD 触摸显示屏。

2）液晶显示模块

液晶显示屏采用型号为 FH26‑39S‑0.3 的柔性印刷电路作为液晶显示模块接口。

3）触摸屏控制器

液晶显示屏搭载的触摸屏控制器型号为 XPT2046。该触摸屏为四线电阻式触摸屏,主要由两层镀有 ITO(Indium Tin Oxide)镀层的薄膜组成。

4）8 个触摸屏控制按钮

液晶显示屏在屏幕周围搭载了 8 个(左右各 4 个)控制按钮,按键采用总线通信方式采样。

1.1.3　通用半桥板简介

通用半桥板实物如图 1‑4 所示,包括:①1 个 MOSFET 驱动芯片,型号为 IRS2301;②2 个 MOS 管;③1 个霍尔传感器芯片,型号为 ACS712ELCTR‑05B‑T;④1 个用于信号调理的运放。

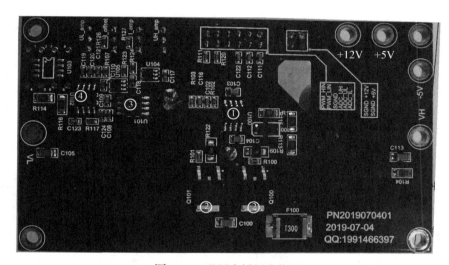

图 1‑4　通用半桥板实物图

通用半桥板硬件资源展开说明如下:

1）MOSFET 驱动芯片

通用半桥板使用的 MOSFET 驱动芯片型号为 IRS2301。IRS2301 是一种高压、高功率的 MOSFET 和 IGBT 驱动器,具有独立的高、低侧输出通道,支持 3.3 V 逻辑输入,输出电流可达 120 mA。

2）电流采样电路

通用半桥板所使用的电流采样电路由一个霍尔传感器和一个同向运算放大电路组成。霍尔传感器将采样得到的电流信号转换为电压信号,通过差分放大电路进行放大。同向运算放大电路可通过调节电位器控制放大比例。

3）电压采样电路

通用半桥板所使用的电压放大电路由一个分压电路和一个电压跟随器组成。其中分压电路可通过调节精密电位器选择量程,电压跟随器用以消除 MCU 的 ADC 采样模块内阻的影响,使电压采样更为精确。

1.2　X. Man 硬件平台详解

本节将结合硬件原理图分别对 X. Man 电力电子开发套件硬件平台的核心开发板、液晶显示屏和通用半桥板的资源进行详细介绍。

1.2.1　核心开发板详解

1) 核心控制单元

核心开发板使用 STM32F103RET6 芯片作为核心控制单元,图 1-5、图 1-6 所示为其电路原理图。图 1-6 中 P200 和 P201 为一个贴片排母和一个贴片排针,用于引出 PC、PD 和部分 PB 的 I/O 口,起到总线通信作用。其中 P200 用于连接液晶显示屏,P201 用于与通用半桥板等其他外部设备连接,或者与另一块核心板级联。P204 用于引出 PWM、ADC、UART、3.3 V 输出和 PC 下载等常用输入、输出接口。这些接口都按照编号顺序依次排列,便于开发者使用。

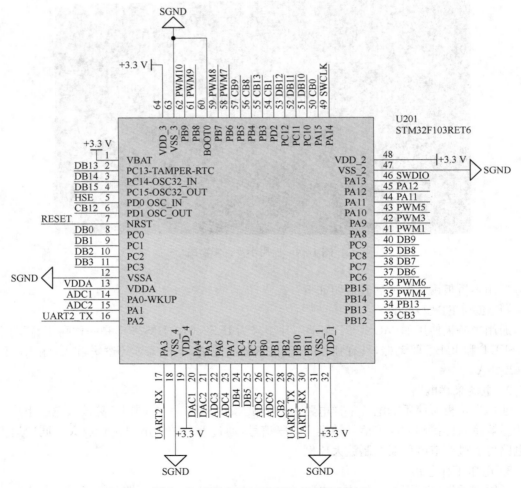

图 1-5　STM32F103RET6 核心控制单元

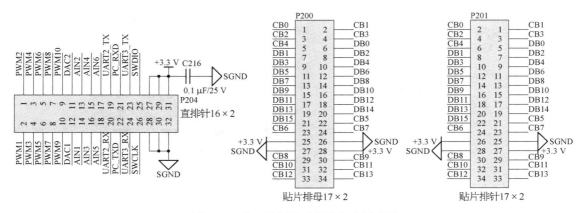

图 1-6　核心控制单元部分电路原理图

2）按键

图 1-7 所示为核心开发板的复位按键和四个普通按键电路原理图。图中 S200、S201、S202、S203 为普通按键输入,分别连接在 PC0、PC1、PC2 和 PC3 上。在四个普通按键上分别串联了一个 3.3 kΩ 的电阻,来提升输出电压,并抵抗共模干扰。S204 为复位按键,连接在核心处理器的 NRST 引脚上。

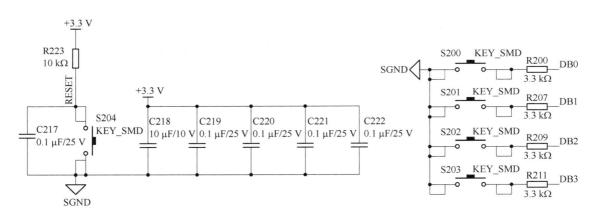

图 1-7　按键电路原理图

3）红外接收头

图 1-8 所示为核心开发板的红外接收电路原理图。红外接收头的数据传输口 IR 接入 P204 的 24 引脚,即 UART3_RX 引脚。

4）LED

图 1-9 所示为核心开发板的 4 个 LED 电路原理图。核心开发板共有 4 个蓝色 LED,分别为 D200、D201、D202、D203。它们分别连接于 PB6、PB7、PB8 和 PB9 引脚上,可通过调节 PWM7、PWM8、PWM9 和 PWM10 的占空比以改变 LED 的显示亮度。

5）USB 转串口

图 1-10 所示为核心开发板的 USB 转串口电路原理图。核心开发板通过 Micro - USB 连接器(P202)和 USB 转串口芯片 CH340G(U202)构成了 USB 转串口电路。CH340G 芯片的 RXD 和 TXD 引脚分别与 STM32 的 PC_RXD 和 PC_TXD 引脚(P204 的 21 和 22 引脚)相

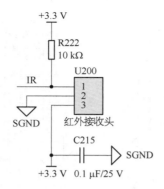

图 1-8 红外接收电路原理图

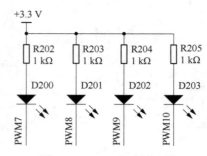

图 1-9 LED 电路原理图

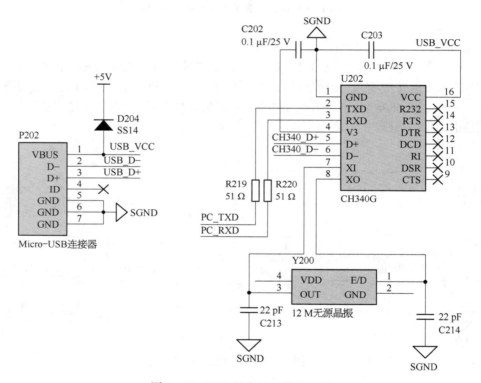

图 1-10 USB 转串口电路原理图

连,实现了直接通过 USB 从 PC 端下载程序的功能。程序下载的具体步骤将在之后的章节详细介绍。

6) ADC 电路

图 1-11 所示为核心开发板的 6 路 ADC 电路原理图。核心开发板共有 6 路 ADC 接口,分别连接于 STM32 的 PA0、PA1、PA6、PA7、PB0 和 PB1 引脚(P204 的 13~18 引脚)。

7) DC-DC 变换电路

图 1-12 所示为核心开发板的 DC-DC 变换电路原理图,包括升压(boost)电路、降压(buck)电路和反电压电路三部分。

图 1-12a 所示是由 MC34063 芯片组成的 DC-DC 升压电路,可以实现将 5 V 电压升至

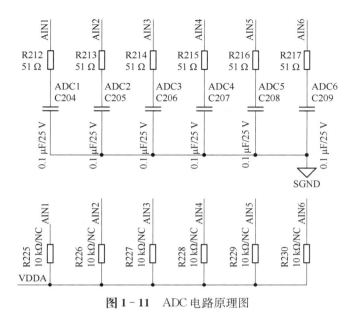

图 1 - 11　ADC 电路原理图

12 V 电压并输出,核心开发板上的圆孔 J304 为 12 V 输出接口。

图 1 - 12b 所示是由 XL7015 芯片组成的 DC - DC 降压电路,可以实现将 12 V 电压降至 5 V 电压并输出,核心开发板上的圆孔 J303 为 5 V 输出接口。

图 1 - 12c 所示是由 AMS1117 - 3.3 芯片组成的 DC - DC 反电压电路,可以实现将 5 V 电压转换为 −5 V 电压并输出,核心开发板上的圆孔 J305 为 −5 V 输出接口。

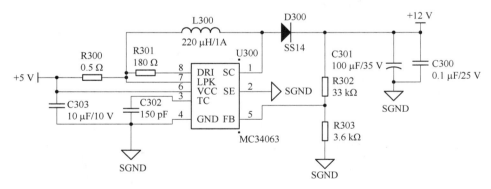

(a) 由 MC34063 芯片组成的 DC - DC 升压电路原理图

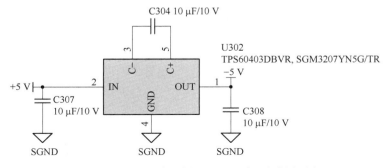

(b) 由 XL7015 芯片组成的 DC - DC 降压电路原理图

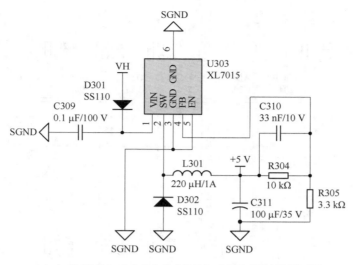

（c）由 AMS1117－3.3 芯片组成的 DC－DC 反电压电路原理图

图 1－12　DC－DC 变换电路原理图

上述多种电压的输出端口集成于 P300 接口之上，使核心开发板具有输出多种稳压直流电的功能，便于驱动多种外围设备，同时解决了对外输出负电压的问题。

1.2.2　液晶显示屏详解

1）液晶显示模块

图 1－13 所示为液晶显示屏的液晶显示模块电路原理图。液晶显示屏采用型号为 FH26－39S－0.3 的柔性印刷电路作为液晶显示模块接口，此接口通过 P400 连接至 STM32。触摸屏

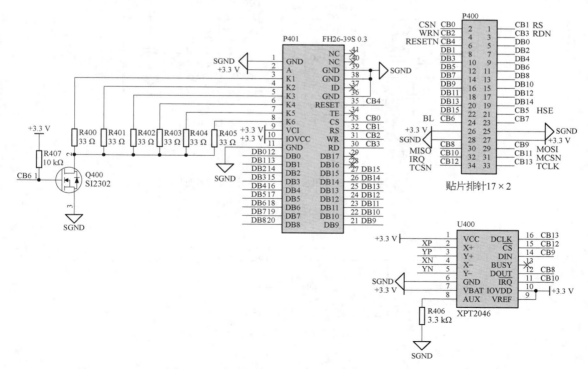

图 1－13　液晶显示屏的液晶显示模块电路原理图

控制器采用 XPT2046 芯片。

　　2）按键

　　图 1‐14 所示为液晶显示屏的按键电路原理图。核心开发板的液晶显示屏带有 8 个按键,屏幕的左右各有 4 个按键。在 8 个按键上分别串联了一个 3.3 kΩ 的电阻,来提升输出电压,并抵抗共模干扰。

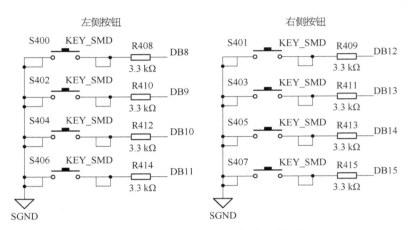

图 1‐14　液晶显示屏的按键电路原理图

1.2.3　通用半桥板详解

　　1）半桥驱动电路

　　图 1‐15 所示为通用半桥板的半桥电路原理图。半桥电路是电力电子技术中最重要的基本电路之一,许多重要的电路拓扑都可以看作由多个半桥电路组成。例如,全桥电路可以看作由两个半桥电路组成;三相全桥电路可以看作由三个半桥电路组成等。因此,通用半桥板作为 X. Man 电力电子开发套件的重要硬件资源之一,为进行后续章节的相关实验打下了重要基础。

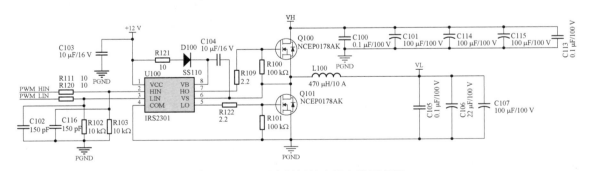

图 1‐15　通用半桥板的半桥电路原理图

　　注意:根据 X. Man 电力电子开发套件的元器件选型,通用半桥板的最高耐压为 70 V。
通用半桥板可实现以下五个基本功能:
　　(1)输出方波:半桥电路的基本功能。
　　(2)升压电路:以 VL 为输入,VH 为输出,通用半桥板可作为一个升压电路。

（3）降压电路：以 VH 为输入，VL 为输出，通用半桥板可作为一个降压电路。

（4）电流采样：通用半桥板的 VL 端搭载了电流采样电路，可实现高精度电流采样。

（5）电压采样：通用半桥板 VH 和 VL 端搭载了电压采样电路，可实现高精度电压采样。

有关上述电路的基本原理、公式推导及仿真将在之后的章节具体介绍。下面对通用半桥板的电压采样电路和电流采样电路的拓扑进行简单介绍。

2）电压采样电路

图 1 - 16 所示为通用半桥板的电压采样电路原理图。图中元件 U102B 的型号为 MCP6002SIN 运算放大器，在电路中作为电压跟随器使用，以消除核心开发板中 ADC 通道内阻对采样电路的影响，提升采样精度。同时，可通过调节精密电位器（R118 和 R119）的阻值控制电压采样电路测量电压的量程。

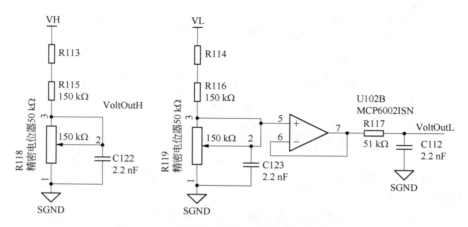

图 1 - 16 通用半桥板的电压采样电路原理图

3）电流采样电路

图 1 - 17 所示为通用半桥板的电流采样电路原理图。图中采用型号为 ACS712ELCTR - 05B - T 的霍尔电流传感器采集主回路中的电流，输出电压信号经运算放大电路放大后输出给核心开发板的 ADC 通道进行电压采样。该电流采样电路可通过调节精密电位器（R105 和 R108）的阻值控制正向偏置电压和比例放大系数。

本章小结

本章对 X. Man 电力电子套件的硬件平台做了详细介绍，包括系统组成、硬件框架及器件选型等内容。

核心开发板主要采用 STM32F103RET6 作为核心处理器，硬件资源还包括 1 个 Mini USB 接口、10 路 PWM 输出接口、6 路 ADC、2 路 DAC、4 个 LED 灯、4 个普通按键、1 个复位按键、1 个 5 V 稳压输出、1 个 12 V 稳压输出和 1 个 -5 V 稳压输出。

液晶显示屏主要采用 3.5 英寸 LCD 触摸屏和型号为 XPT2046 的触摸屏控制器，硬件资源还包括 8 个显示屏控制按键。

通用半桥板主要采用 IRS2301 作为 MOSFET 驱动芯片，在通用半桥板的母线端（VH 端）设计了电压采样电路，在半桥中点（VL 端）设计了电压采样电路和电流采样电路。

X. Man 电力电子开发套件是针对本科电力电子实验和创新竞赛所设计的实验平台。从

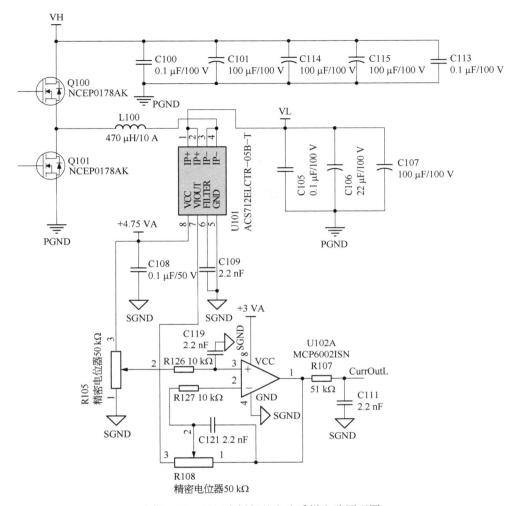

图 1-17 通用半桥板的电流采样电路原理图

硬件选型和接口的定义可看出,核心开发板的 10 路 PWM 引脚中有 6 路 PWM 是带死区的 PWM 引脚,每 2 路 PWM 可以驱动一块通用半桥板,6 路 PWM 可以驱动三块通用半桥板,对 应支持三相电路实验。核心开发板的 6 路 ADC 引脚也分别对应三块通用半桥板的 VL 端的 电压采样电路和电流采样电路,为电压、电流信号采集和闭环控制提供了有力支持。核心开发 板的 I/O 口均为通用 I/O 口,并不局限于电力电子类相关实验,开发者也可根据实际需求修 改底层驱动以更改 I/O 口的定义,将其作为嵌入式系统的最小系统板使用。

第 2 章

软件平台

∧

本章内容

    X. Man 电力电子开发套件为自主研发的电力电子实验平台,其软件平台主要包括自主设计的系统架构、软件工程结构、底层驱动函数、API 库函数、例程、程序下载软件及串口示波器软件。本章将对 X. Man 电力电子开发套件的系统架构和软件工程结构进行介绍,结合 Keil 软件的编译环境对底层驱动函数和 API 库函数进行详细的说明,并通过示例对 X. Man 电力电子开发套件的应用程序下载流程、显示屏菜单调试功能和串口示波器软件进行介绍。

    通过本章的学习,开发者将会掌握 X. Man 电力电子开发套件的软件编译和开发的流程、各项底层驱动和库函数的定义、菜单调试功能及 Keil 软件的编程技巧,为深入学习使用 X. Man 电力电子开发套件打下基础。

本章要求

    1. 了解 X. Man 电力电子开发套件的软件工程架构。

    2. 了解 X. Man 电力电子开发套件的自定义驱动及库函数。

    3. 掌握 X. Man 电力电子开发套件的软件编译及下载方式。

    4. 掌握 X. Man 电力电子开发套件的菜单调试功能。

    5. 掌握 X. Man 电力电子开发套件的软件仿真功能。

2.1　系统架构

　　本节将介绍 X. Man 电力电子开发套件的整体系统架构,如图 2-1 所示,由核心开发板、液晶显示屏、通用半桥板和串口示波器组成。其中串口示波器是一种虚拟测量仪器,给开发者提供了一个低成本的电路测量方案,当然也可以在实验过程中使用实际的示波器。本书第 15 章详细介绍了串口示波器的功能和使用方法。

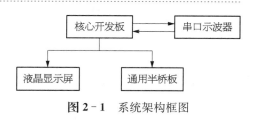

图 2-1　系统架构框图

　　从图 2-1 中可知,开发者通过下载软件将在上位机上编写的程序下载至核心开发板,核心开发板可驱动液晶显示屏和通用半桥板并完成底层信息交互,液晶显示屏起到显示参数、调试程序等功能,而通用半桥板可以多块连接构成多种电路拓扑,串口示波器用于显示数据及波形,对实验起到辅助作用。

2.2　软件工程架构

　　本节将介绍 X. Man 电力电子开发套件的软件工程架构。X. Man 电力电子开发套件使用 Keil 作为软件编译环境,基于 STM32 官方库构建了 X. Man 工程文件并自主编写了底层驱动函数、11 个 API 库函数和 18 个标准例程。本节将对上述内容进行详细的介绍,帮助开发者快速适应 X. Man 的软件编译环境。

2.2.1　X. Man 工程的文件组织结构

　　STM32 官方库提供了丰富的接口函数,开发者可以借助官方库的帮助文档了解函数的功能、可传入的参数及其意义和函数的返回值,方便对函数进行调用。本书的工程模板在 STM32 官方库的基础上进行了一些改进,其组织结构如图 2-2 所示。

图 2-2　X. Man 工程的文件组织结构

该工程模板中主要包括以下文件夹:
（1）DebugConfig 文件夹,存放编译产生的调试信息。
（2）Lib 文件夹,存放 ST 官方提供的固件库源码文件。
（3）List 文件夹,存放编译器编译时产生的 C 语言、汇编和链接等文件的列表清单。
（4）Obj 文件夹,存放编译产生的 hex 文件、预览信息和封装库等。
（5）RTE 文件夹,存放 Keil5 中"Run_Time Environment"功能的相关文件。
（6）Startup 文件夹,存放启动文件,为 C 语言搭建一个启动环境,指向用户的"main"函数。
（7）User 文件夹,存放用户编写的函数文件。
　　本书提供 18 个标准例程,所有例程基于库函数编写,代码格式规范、注释详细,便于开发者理解。核心开发板的例程涵盖了 STM32F103RET6 的所有内部资源,由浅至深,循序渐进。18 个标准例程的功能见表 2-1。

表 2-1　核心开发板 18 个标准例程功能

编号	实验名称	编号	实验名称
1	Hello World	10	SPI Flash 读写
2	流水灯	11	中英文字库显示
3	按键	12	图片显示
4	串口通信	13	触摸屏
5	LCD 及背光调节	14	示波器
6	红外遥控	15	菜单调试
7	AD 转换	16	谐波分析
8	DA 转换	17	任务管理
9	PWM 控制	18	IAP BOOT

2.2.2　X. Man 工程的软件组织结构

打开任意例程的工程文件,可以看到左侧的软件组织结构,X. Man 工程的软件组织结构如图 2-3 所示。

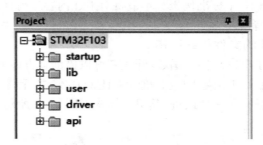

图 2-3　X. Man 工程的软件组织结构

每个工程文件中一般包括以下五个文件夹:

(1) startup 文件夹,包括启动文件。

(2) lib 文件夹,包括库文件。

(3) user 文件夹,包括应用程序文件。

(4) driver 文件夹,包括底层驱动文件。

(5) api 文件夹,包括应用程序编程接口文件。

startup 文件夹包括两个由汇编语言构成的文件,其作用是对核心开发板进行初始化操作,startup 文件夹组织结构如图 2-4 所示。

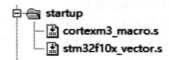

图 2-4　startup 文件夹组织结构

lib 文件夹内为 STM32 官方库文件,lib 文件夹组织结构如图 2-5 所示。

user 文件夹内为应用程序编译文件,user 文件夹组织结构如图 2-6 所示。

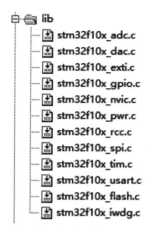

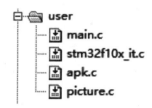

图 2-5　lib 文件夹组织结构　　　　图 2-6　user 文件夹组织结构

user 文件夹包括"main. c""apk. c""stm32f10x_it. c"和"picture. c"四个文件。

"main. c"文件为主程序文件,在 startup 文件夹中的核心开发板初始化文件已经为"main. c"文件设置了堆栈,在完成初始化之后程序将首先执行"main. c"函数。为了优化程序架构,希望使"main. c"文件中的程序逻辑简单明了,因此,"main. c"的程序如下所示:

```c
#include "includes. h"
//系统初始化函数将在 main()函数之前运行
void SystemInit(void)
{
    //系统运行在 Apk 模式
    SystemRunMode = 1;
    //系统频率初始化
    SystemCoreClock = 8000000;
    //延时初始化
    DelayInit();
    //运行用户代码之前先等待 0.5 s
    DelayMs(500);
}
int main(void)
{
    //时钟初始化,将时钟设置到 72 MHz
    CloclkInit();
    //通用配置
    CommonConfig();
    //任务管理程序初始化
```

```
    TASK_Init();
    //连续任务启动
    TASK_Run();
    //周期任务启动
    //TASK_Periodicity();
    return 0;
}
```

"main. c"文件中包括"SystemInit()"函数和"main()"函数。程序下载完成之后首先运行"SystemInit()"函数对系统进行初始化操作,延迟0.5 s后执行"main()"函数。由于核心开发板下载程序使用的USB转串口为一个复用串口,该串口可能会在应用程序中被调用,在程序下载完成后延迟0.5 s再执行主函数,可以防止该串口发生使用冲突。

在"main()"函数中完成系统时钟初始化、通用配置初始化、任务管理程序初始化,之后将执行"TASK_Run()"函数或"TASK_Periodicity()"函数。"TASK_Run()"函数为连续任务函数,"TASK_Periodicity()"函数为周期任务函数。如果应用程序的循环周期没有严格的时间限制要求,那么可以将应用函数放入连续任务函数;如果应用程序的循环周期有严格的时间限制要求,那么可以将应用函数放入周期任务函数。"TASK_Run()"函数中的指针"APK_Continuous"和"TASK_Periodicity()"函数中的指针"APK_Periodicity()"分别指向"apk. c"文件中的"APK_Continuous()"函数和"APK_Periodicity()"函数。因此应用程序实际上是在"apk. c"文件中编写的。本书将在2.3节中具体给出应用程序编写指南。

"stm32f10x_it. c"程序是STM32的中断配置文件。"picture. c"是图片处理文件,可以改变液晶显示屏的背景。

图 2-7 driver
文件夹组织结构

driver 文件夹是自主编写的底层驱动文件,driver 文件夹组织结构如图 2-7 所示。这些底层驱动文件包含所有与硬件相关的驱动函数和变量,底层驱动函数见表 2-2。函数与变量都已完成封装,在编写程序时可以直接调用。

表 2-2 底层驱动函数列表

序号	名　称	功　能
1	GetCpuId()	获取 CPU ID
2	CloclkInit()	设置时钟
3	CommonConfig()	通用参数的设置
4	DelayInit()	系统 Tick 延时初始化
5	DelayMs()	ms 级延时
6	DelayUs()	μs 级延时
7	DelayHalfUs()	0.5 μs 延时
8	SetDelayTimeUs()	设定需要延时的 μs 参数
9	GetDelayTimeFlag()	判断是否达到设定时间

（续表）

序号	名 称	功 能
10	WatchDogInit( )	看门狗程序初始化
11	LedInit( )	Led 初始化
12	Uart2Init( )	串口 2 初始化
13	USART2_IRQHandler( )	UART2 中断函数
14	ILI9481Init( )	ILI9481 初始化
15	ILI9481WriteRamPrepare( )	准备开始写入 RAM 数据
16	ILI9481ReadRamPrepare( )	开始读取 RAM 数据
17	ILI9481SetDisplayWindow( )	设置显示窗口
18	LCD_InitGpio( )	初始化液晶屏相关的 GPIO
19	LCD_BackLightInit( )	初始化液晶屏背光
20	LCD_SetBright( )	设置背光亮度
21	LCD_WriteArray( )	向 LCD 连续写入 n 个 16 位数组
22	LCD_WriteConst( )	向 LCD 连续写入 n 个 16 位常数
23	LCD_WriteArrayFromXflash( )	LCD 显示数据的数据地址
24	IrInit( )	红外遥控初始化
25	EXTI15_10_IRQHandler( )	红外遥控中断函数
26	AdcInit( )	ADC 初始化
27	DacInit( )	DAC 初始化
28	PwmIni( )	PWM 初始化
29	TIM1_UP_IRQHandler( )	TIM1 中断函数
30	Spi3Init( )	SPI3 模块初始化
31	SPI_FLASH_WaitBusy( )	等待 FLASH 处理结束
32	SPI_FLASH_Init( )	SPI_FLASH 初始化
33	SPI_FLASH_ReadId( )	SPI_FLASH 读取的 ID
34	SPI_FLASH_WriteSector( )	SPI_FLASH 写入数据的扇区
35	SPI_FLASH_EraseSector( )	SPI_FLASH 擦除一个扇区的数据
36	SPI_FLASH_ReadData( )	SPI_FLASH 在指定地址写入指定长度的数据
37	I2C_GpioInit( )	ⅡC 初始化
38	I2C_Wait( )	ⅡC 延迟
39	I2C_Start( )	ⅡC 启动

（续表）

序号	名　称	功　能
40	I2C_Stop( )	ⅡC 终止
41	I2C_SendAck( )	ⅡC 发送的应答值
42	I2C_SendByte( )	ⅡC 发送数据
43	I2C_ReceiveByte( )	ⅡC 接收数据
44	I2C_ByteWrite( )	ⅡC 写入数据
45	TP_WriteReg( )	触摸屏写入数据
46	TP_ReadReg( )	触摸屏读取数据
47	TP_Init( )	触摸屏初始化
48	TP_ResGetAd( )	触摸屏返回坐标值
49	TP_TouchScan( )	触摸屏扫描，获取触点坐标
50	TASK_TimerInit( )	任务定时器初始化
51	TIM5_IRQHandler( )	TIM5 中断函数
52	OnChipFlashWritePageData( )	片内 FLASH 写入数据
53	OnChipFlashReadData( )	片内 FLASH 读取数据
54	HardFaultException( )	硬件错误提示
55	SetCpuMsp( )	设置栈顶地址

　　api 文件夹中是自主编写的应用程序编程接口文件，api 文件夹组织结构如图 2 - 8 所示。

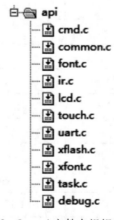

图 2 - 8　api 文件夹组织结构

　　"cmd. c"文件为串口命令解析，"common. c"文件为通用函数库，"font. c"文件为片内字库信息，"ir. c"文件为红外遥控器相关 API 库函数，"lcd. c"文件为 LCD 相关 API 库函数，"touch. c"文件为触摸屏相关 API 库函数，"uart. c"文件为 UART 相关 API 库函数，

"xflash. c"文件为 xflash 相关 API 库函数，"xfont. c"文件为片外字库管理，"task. c"文件为任务管理，"debug. c"文件为菜单相关 API 库函数。

api 文件夹中包含的封装函数及其定义见表 2－3～表 2－13。

表 2－3　"cmd. c"文件封装函数列表

序号	名　　称	功　　能
1	CMD_Init( )	命令解析初始化
2	CMD_PackCheck( )	数据包地址检验
3	CMD_MainTask ( )	命令解析的主任务
4	CMD_PackRun( )	运行数据包

表 2－4　"common. c"文件封装函数列表

序号	名　　称	功　　能
1	Num2Str( )	数字转字符串
2	LrcCalc( )	计算字符串之合
3	Str2Num( )	字符串转数字
4	StrLen( )	计算字符串长度
5	IntPower( )	计算整数的幂
6	Str2Double( )	字符串转双精度浮点型

表 2－5　"font. c"文件封装函数列表

序号	名　　称	功　　能
1	ASCII_12X24[ ]	片内字库信息数组

表 2－6　"ir. c"文件封装函数列表

序号	名　　称	功　　能
1	IR_Init( )	红外遥控器初始化
2	IR_Decode( )	红外遥控器解码

表 2－7　"lcd. c"文件封装函数列表

序号	名　　称	功　　能
1	LCD_Init( )	LCD 初始化
2	LCD_SetCursor( )	设置 LCD 光标
3	LCD_Clear( )	LCD 清屏

（续表）

序号	名　　称	功　　能
4	LCD_SetBar( )	填充 LCD 上的一个矩形区域
5	LCD_GetBar( )	获取 LCD 上一个矩形区域的像素点
6	LCD_DrawPoint( )	在 LCD 上显示一个点
7	LCD_ReadPoint( )	获取 LCD 上一个点的坐标
8	LCD_SearchFont( )	寻找 LCD 上的字体数据
9	LCD_SelectFont( )	选择 LCD 上的字体数据
10	LCD_PutChar( )	在 LCD 的一个具体坐标显示字符
11	LCD_PutHanzi( )	在 LCD 的一个具体坐标显示汉字
12	LCD_PutStr( )	在 LCD 的一个具体坐标显示字符串
13	LCD_PutStrCenter( )	在 LCD 指定文本框中心显示字符串
14	LCD_PutStrRightCenter( )	在 LCD 指定文本框右边中心显示字符串
15	LCD_PutStrLeftTop( )	在 LCD 的指定文本框左上角显示字符串
16	LCD_DrawLine( )	在 LCD 上画线
17	LCD_DrawBmpFromXflashPackDate( )	在 LCD 上显示内存中 Bmp 格式图片
18	LCD_DrawPage( )	在 LCD 上显示图片
19	LCD_DrawPageCenter( )	在 LCD 上的指定区域中心显示图片
20	LCD_DrawProgress( )	在 LCD 上显示进度条

表 2 - 8　"touch. c"文件封装函数列表

序号	名　　称	功　　能
1	TOUCH_GetIdByPoint( )	获取触摸点坐标
2	TOUCH_DispPos( )	显示触摸点坐标
3	TOUCH_DrawLine( )	根据触摸点描线
4	TOUCH_GetState( )	获取触摸状态

表 2 - 9　"uart. c"文件封装函数列表

序号	名　　称	功　　能
1	UART_Init( )	UART 初始化
2	UART_SendData( )	UART 发送数据
3	UART_SendStr( )	UART 发送字符串
4	UART_TxdIsr( )	UART 发送数据中断服务子程序

(续表)

序号	名　　称	功　　能
5	UART_RxdIsr( )	UART 接收数据中断服务子程序
6	UART_ClearRxdBuffer( )	UART 清除接收缓存的数据
7	UART_GetRxdFifoLen( )	UART 获取接收缓存中已经有的数据长度
8	UART_GetRxdData( )	UART 获取接收缓存中的数据

表 2 - 10　"xflash. c"文件封装函数列表

序号	名　　称	功　　能
1	XFLASH_WriteData( )	XFLASH 写入数据
2	XFLASH_UartRxdIsr( )	XFLASH 串口接收中断函数
3	XFLASH_GetDataFromUart( )	XFLASH 从串口获取数据

表 2 - 11　"xfont. c"文件封装函数列表

序号	名　　称	功　　能
1	XFONT_Init( )	XFONT_Init 初始化
2	XFONT_GetFontInf( )	XFONT 从片外获取字库信息
3	XFONT_SeleFont( )	XFLASH 选择字体

表 2 - 12　"task. c"文件封装函数列表

序号	名　　称	功　　能
1	TASK_Init( )	任务初始化
2	TASK_Run( )	连续任务运行
3	TASK_Periodicity( )	周期任务运行

表 2 - 13　"debug. c"文件封装函数列表

序号	名　　称	功　　能
1	MENU_MEMBER VarMenu[ ]	用户修改菜单中的变量
2	FlashWriteStart( )	菜单变量写入 FLASH 中的初始化代码
3	FlashReadData( )	从 FLASH 中读取数据
4	FlashWriteData( )	菜单变量写入 FLASH 中
5	FlashWriteEnd( )	菜单变量写入 FLASH 中的结束代码
6	LoadData( )	从 FLASH 中装载数据

（续表）

序号	名　　称	功　　能
7	SaveData( )	向 FLASH 中保存数据
8	UpdatePeriod( )	菜单变量定时更新
9	UpdateOneTime( )	菜单变量手动更新
10	GetKeyValue( )	获取按键值
11	MenuDisplayNumber( )	菜单中显示的数字
12	DEBUG_InitPara( )	初始化菜单参数
13	MenuStrLen( )	计算字符串长度
14	DEBUG_SetPara( )	设置参数
15	DEBUG_DisplayWave( )	显示屏显示波形
16	DEBUG_ClearWave( )	显示屏清除波形

2.3　应用程序编写指南

在 2.2 节中提到了应用程序应该在"apk.c"中编写,本节将梳理核心开发板上电之后程序的运行流程,一步步地指向应用程序的地址。核心开发板上电后,程序运行至应用程序的流程如下:

（1）运行"Bootloader"程序。

（2）运行"main.c"文件中的程序。

（3）运行"main.c"文件中的"SystemInit( )"函数,如图 2-9 所示。

（4）运行"main.c"文件中的"main( )"函数,如图 2-10 所示。

```
void SystemInit(void)
{
    // 系统运行在Apk模式
    SystemRunMode = 1;
    // 系统频率初始化
    SystemCoreClock = 8000000;
    // 延时初始化
    DelayInit();
    // 运行用户代码之前先等待0.5秒
    DelayMs(500);
}
```

图 2-9　"main.c"文件中的"SystemInit( )"函数

```
int main(void)
{
//  while(1);//
    // 将时钟设置到72MHz
    CloclkInit();
    // 通用配置
    CommonConfig();

    TASK_Init();
    TASK_Run();

    return 0;
}
```

图 2.10　"main.c"文件中的"main( )"函数

（5）运行"main( )"函数中的"TASK_Init( )"函数,如图 2-11 所示。

（6）运行"TASK_Init( )"函数中的"APK_Init( )"函数,如图 2-12 所示。

（7）在"APK_Init( )"函数中将任务指针"ptrApkTask"赋值为"Apk_Main",如图 2-13所示。

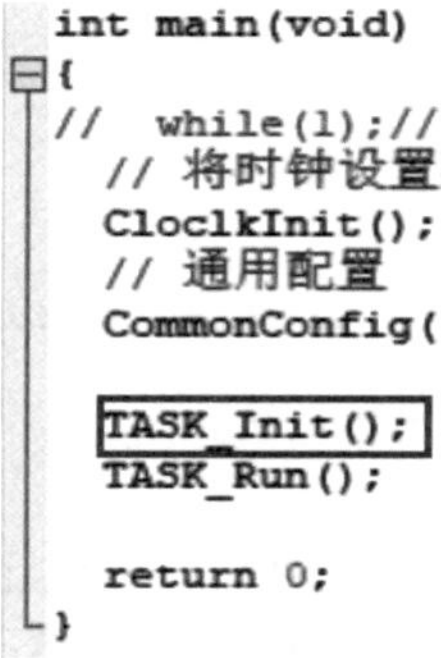

```
int main(void)
{
//   while(1);//
//   将时钟设置到72MHz
    CloclkInit();
//   通用配置
    CommonConfig();

    TASK_Init();
    TASK_Run();

    return 0;
}
```

图 2 - 11　"main( )"函数中的　　"TASK_Init( )"函数

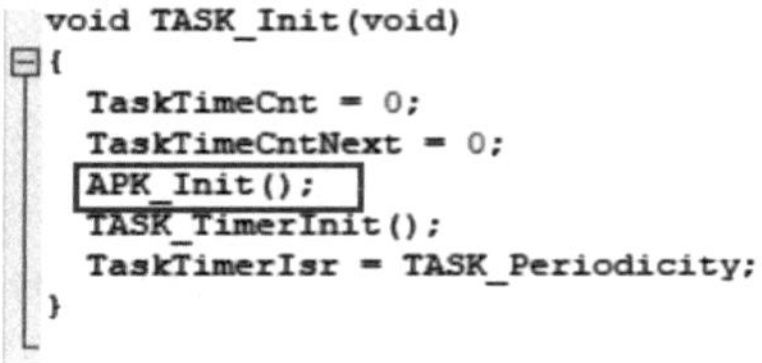

```
void TASK_Init(void)
{
  TaskTimeCnt = 0;
  TaskTimeCntNext = 0;
  APK_Init();
  TASK_TimerInit();
  TaskTimerIsr = TASK_Periodicity;
}
```

图 2 - 12　"TASK_Init( )"函数中的　　"APK_Init( )"函数

```
void APK_Init(void)
{
  // flash初始化
  XFLASH_Init();
  // 字库初始化
  XFONT_Init();
  // 红外初始化
  IR_Init();
  // 串口初始化
  UART_Init(2000000);
  // 串口命令解析初始化
  CMD_Init();
  LCD_Init();
  // PWM初始化
  PwmInit();
  // LED初始化
  LedInit();
  // ADC初始化
  AdcInit();
  // DAC初始化
  DacInit();

  UART_SendStr("System is running...\n");
  LCD_Clear(0);
  LCD_SetBright(0);
  TP_Init();
  ptrApkTask = Apk_Main;
  ptrApkTaskPre = Apk_Main;
  TaskTimeCntNext = 0;
  PwmIsr = APK_Ctrl;
}
```

图 2 - 13　"APK_Init( )"函数

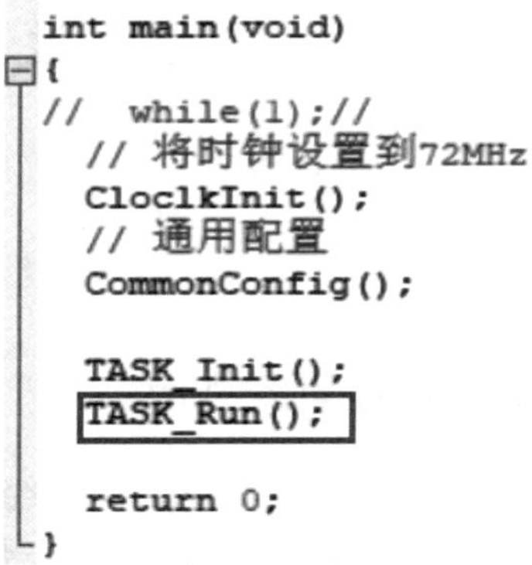

```
int main(void)
{
//   while(1);//
//   将时钟设置到72MHz
    CloclkInit();
//   通用配置
    CommonConfig();

    TASK_Init();
    TASK_Run();

    return 0;
}
```

图 2 - 14　"main( )"函数中的　　"TASK _ Run ( )"　　函数

（8）运行"main. c"文件中的"TASK_Run( )"函数,如图 2-14 所示。

（9）在"TASK_Run( )"函数中循环运行连续任务运行函数"ApkContinuous( )",如图 2-15 所示。

（10）"ApkContinuous( )"中的连续任务指针"APK_Continuous"指向了"apk. c"文件中的"APK_Continuous( )"函数,如图 2-16 所示。

（11）"APK_Continuous( )"函数中的任务指针"ptrApkTask"在"APK_Init( )"函数中已经被赋值为"Apk_Main",因此该指针指向了"apk. c"中的"Apk_Main( )"函数。应用程序代码在"apk. c"文件中的"Apk_Main( )"函数中编写,如图 2-17 所示。

```
void TASK_Run(void)
{
    START_TASK_TIM();
    while(1)
    {
        ApkContinuous();
    }
}
```

图 2-15 "TASK_Run( )"函数中的
"ApkContinuous( )"函数

```
void APK_Continuous(void)
{
    ptrApkTask();
}
```

图 2-16 "apk. c"文件中的"APK_
Continuous( )"函数

```
void Apk_Main(void)
{
    u32 cnt,state;
    u32 sec,sec_last;
    u8 str[100];
    u32 i,y;
    u16 key;
    u16 *ptr16;
    while(1)
    {
        ApkTaskWait();
        // 菜单设置
        LCD_Clear(GREEN);
        DEBUG_InitPara();
        XFONT_SeleFont(3);
        DEBUG_SetPara();
        LCD_Clear(0);
        LCD_PutStrCenter(0,0,479,319,"debug end",GREEN,0);
    }
}
```

图 2-17 "apk. c"文件中的"Apk_Main( )"函数

2.4 应用程序下载指南

通过 2.3 节的学习,开发者已经基本掌握了应用程序代码的编写流程,本节将向开发者介绍如何通过串口将代码下载到核心开发板。

X. Man 电力电子开发套件为了节省核心开发板的体积和使用成本,以 USB 转串口的下载方式替代了传统的 J-Link 下载方式,在核心开发板上没有引出 J-Link 接口。因此,X. Man 电力电子开发套件的软件工程编译将通过 Keil 软件直接生成二进制代码,通过自主研发的软件下载器完成下载。

2.4.1 应用程序下载步骤

本书将一个完整的程序分成"Bootloader"代码和应用程序代码两段。"Bootloader"代码是系统在上电之后执行的第一段代码,可以起到初始化硬件设备、建立内存空间映射图等功能。嵌入式系统上电或复位时通常都是从地址"0x00000000"处开始执行的,因此,"Bootloader"代码通常也从该地址进行编写。"Bootloader"的代码已经烧入核心开发板内,无须重复烧写,开发者在确认完 Keil 软件的配置后可以直接烧写应用程序代码。烧写代码的具体步骤如下:

1) 规定用户代码的起始位置和大小

选择"Target"标签,检查芯片的型号和晶振频率。MCU 实际的 Flash 起始位置为

"0x8000000"，大小为 512 KB，核心开发板内已经下载好"Bootloader"代码，"Bootloader"代码的起始位置为"0x8000000"。为了防止"Bootloader"代码被用户代码覆盖或设置的用户代码大小超过 MCU 实际的 Flash 大小，需要对用户代码的起始位置和大小进行设置，Target 选项卡如图 2-18 所示。用户代码的起始位置一般设置为"0x8010000"，代码长度最大可以设置为"0x6F000"。

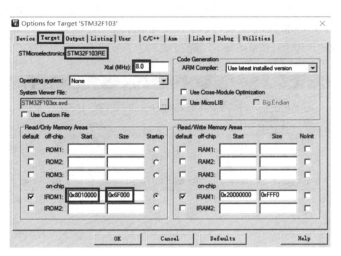

图 2-18 Target 选项卡

2) 确认 Keil 的配置是否正确

在 IDE 里点击 ✵（Options for Target），选择"User"标签，在"After Build/Rebuild"中检查"Run #1"选项里"fromelf -- bin. /Obj/STM32F103/template. axf"中的". axf"格式文件名是否为当前文件名，确保对当前文件进行编译；同一栏中，"output. /Obj/STM32F103/bin/apk. axf"中". axf"格式的文件名为编译后生成的文件名，User 选项卡如图 2-19 所示。

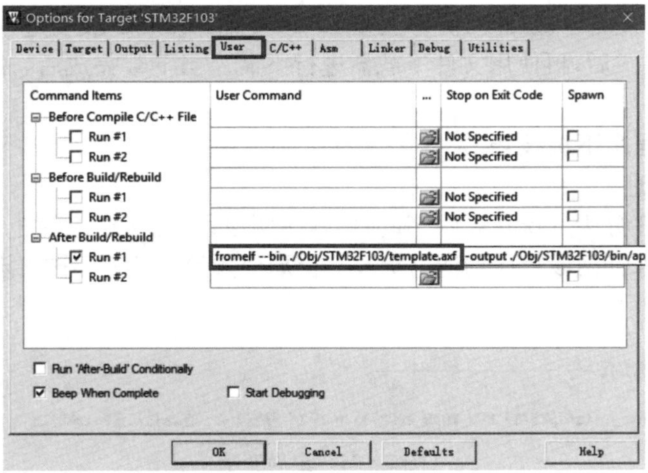

图 2-19 User 选项卡

在"main. c"文件中确定"SystemInit( )"中 SystemRunMode = 1,保证系统运行在 Apk 模式。

3）打开文件下载器

通过具有数据传输功能的数据线将核心开发板与上位机连接；检测开发板对应的上位机 com 端口，然后打开串口，文件下载器如图 2-20 所示。点击串口→串口设置→搜索→打开串口；浏览工程生成的二进制文件。点击浏览→打开工程文件→打开 Obj 文件夹→STM32F103→bin→"apk. bin"→打开"ER_IROM1"；点击下载或导入按钮下载开发者编写的应用程序代码。此时屏幕加载进度条，代码下载完成后显示"Code save succeeded"，再按下复位键，屏幕显示"Code imported success"，烧写成功。

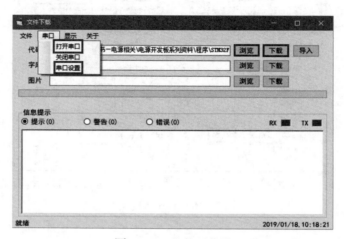

图 2-20　文件下载器

注意：核心开发板为了减小体积，使用 USB 转串口代替了常见的 J - Link 下载程序，在下载程序的过程中难免会出现串口被占用而无法正常下载程序的现象，因此核心开发板设置了直接强制进入"Bootloader"程序的功能。当开发者无法正常下载程序时，先长按复位键（S204），在不松开复位键（S204）的情况下短按液晶显示屏两侧的任意按键，松开液晶显示屏两侧的按键后，再松开复位键，此时屏幕上显示"Boot is running"成功进入"Bootloader"模式。进入"Bootloader"模式后，再使用文件下载器进行下载。当下载完成后，需要按下复位按键使程序开始运行。

2.4.2　应用程序下载技巧

1）指定变量地址

由于完整的程序分为"Bootloader"和应用程序两段，为确保程序的正常运行，需要设定一些关键的全局变量保证两段程序均能够更改。全局变量的地址需要被指定在特定区域防止被覆盖，如图 2-21 所示。

```
//------------------------ 全局变量 ------------------------
// 系统运行模式
u32 SystemRunMode __attribute__((at(SYSTEM_RUN_MODE_ADDR))) = 0;// 特别小心：在keil配置Flash时IRAM1的空间大小一定要设置成0xFFF0
```

图 2-21　全局变量

2）程序分段下载

当工程中涉及下载图片，需要进行图片的更换，使用分段下载可以仅下载图片文件，从而减少下载时间。

3）修改工程文件名

将例程文件". uvproj,. uvprojx"的文件名"template"修改为自己的工程"myProj"的步骤如下：将文件名"template. uvprojx"改为"myProj. uvprojx"；使用 Notepad 等软件打开"myProj. uvprojx"，将"<OutputName>template</OutputName>"改为"<OutputName>myProj</OutputName>"。

打开 Keil，在 IDE 里点击 ✍（Options for Target），选择"User"标签，在"After Build/Rebuild"中检查"Run ♯1"选项里"fromelf -- bin ./Obj/STM32F103/template. axf"中的". axf"格式文件名是否为当前文件名，例子中的文件名为"template. axf"，执行以上步骤后修改为"myProj. axf"。

2.5　菜单调试指南

在线调参是进行工程测试时一种方便有效的调试手段，可以避免反复修改代码和烧写程序的重复性行为，节省时间。本书例程 15（在路径"例程参考代码/STM32F103/15，谐波分析"下）为开发者提供了一种在线调参的例程，可以利用液晶显示屏和红外遥控器实现重要参数的显示和修改。

2.5.1　菜单程序接口功能介绍

菜单程序接口在 api 文件夹中的"debug. c"文件中。在"apk. c"中利用"ptrApkTask"指针指向"Apk_Main（ ）"函数，在"Apk_Main（ ）"中调用"Apk_MainDEBUG_InitPara（ ）"和"DEBUG_SetPara（ ）"两个函数实现参数的存储、显示及更改，代码如下：

ptrApkTask = Apk_Main；
void DEBUG_InitPara(void) //从存储器里装载数据、初始化菜单参数
void DEBUG_SetPara(void) //设置参数、显示设置、检测按键、调整参数及检测参数是否发生改变

2.5.2　菜单界面及功能设计

显示屏显示菜单的标题、背景颜色及行数等参数可在"debug. h"中的宏定义参数中进行更改，其中行数的最大值为 9。

在"debug. c"文件中，已经配置好了菜单界面设计数组"MENU_MEMBER VarMenu[ ]"，开发者只须根据提示修改数组中的内容即可完成对菜单界面的设计，菜单设计界面如图 2-22 所

```
// 用户添加菜单里面的变量
const MENU_MEMBER VarMenu[]=
{
{ // name           *var_ptr       point   mem_addr  modify_bits  var_min  var_max   changeFun                enum_num  enum_name
{"RunState",        &RunState,     0,      1,        1,           0,       1,        changeFun_RunState,      2,        "OFF","ON"},
{"Duty[0]",         &Duty[0],      1,      2,        3,           0,       1000,     changeFun_Duty,          0,        0},
{"Duty[1]",         &Duty[1],      1,      13,       3,           0,       1000,     changeFun_Duty,          0,        0},
{"Duty[2]",         &Duty[2],      1,      14,       3,           0,       1000,     changeFun_Duty,          0,        0},
{"PwmFreq",         &PwmFreq,      0,      3,        5,           20000,   200000,   changeFun_PwmFreq,       0,        0},
{"PwmDead",         &PwmDead,      0,      4,        3,           0,       255,      changeFun_PwmDead,       0,        0},
{"LcdBkLight",      &LcdBkLight,   0,      5,        3,           5,       100,      changeFun_LcdBkLight,    0,        0},
{"AdcRawData[0]",   &AdcRawData[0],0,      0,        0,           0,       4095,                              0,        0},
{"AdcRawData[1]",   &AdcRawData[1],0,      0,        0,           0,       4095,                              0,        0},
{"AdcRawData[2]",   &AdcRawData[2],0,      0,        0,           0,       4095,                              0,        0},
{"AdcRawData[4]",   &AdcRawData[4],0,      0,        0,           0,       4095,                              0,        0},
{"AdcRawData[5]",   &AdcRawData[5],0,      0,        0,           0,       4095,                              0,        0},
{"DacSetValue[0]",  &DacSetValue[0],0,     0,        4,           0,       4095,     changeFun_DacSetValue0,  0,        0},
{"DacSetValue[1]",  &DacSetValue[1],0,     0,        4,           0,       4095,     changeFun_DacSetValue1,  0,        0},
{"TaskTimeSec",     &TaskTimeSec,  0,      0,        0,           0,       0,                                 0,        0}
};
```

图 2-22　菜单设计界面

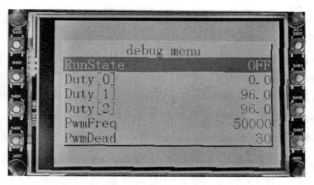

图 2-23 液晶显示屏显示菜单示意图

示。液晶显示屏显示菜单示意图如图 2-23 所示。

菜单设计界面的参数及其功能见表 2-14。

表 2-14 菜单界面参数功能列表

参数名称	功能	参数名称	功能
name	参数名	var_min	变量最小值
*var_ptr	参数赋值于变量	var_max	变量最大值
point	变量小数的位数	changFun	变量改变的响应函数
mem_adde	变量保存地址	enum_num	变量的列举个数
modify_bits	变量最大位数	enum_name	变量的列举名

根据表 2-14 的定义,对图 2-24 框中的参数设定可做如下解释:

参数名称为"Duty[0]",参数变量为"&Duty[0]",变量小数位数为"1"位小数,变量存储地址编号为"2"(通过按上移或下移按键进行保存),变量最大位数为"3"位,变量最小值为"0",变量最大值为"1000",变量改变的响应函数为"changeFun_Duty"(变量改变的响应函数可在"debug.c"文件中自行编写),变量的列举个数为"0",变量的列举名为"无"。菜单参数具体说明示意图如图 2-24 所示。

```
// name           *var_ptr      point   mem_addr   modify_bits  var_min  var_max    changeFun               enum_num  enum_name
{"RunState",      &RunState,    0,      1,         1,           0,       1,         changeFun_RunState,     2,        "OFF","ON"},
{"Duty[0]",       &Duty[0],     1,      2,         3,           0,       1000,      changeFun_Duty,         0,        0},
{"Duty[1]",       &Duty[1],     1,      13,        3,           0,       1000,      changeFun_Duty,         0,        0},
{"Duty[2]",       &Duty[2],     1,      14,        3,           0,       1000,      changeFun_Duty,         0,        0},
```

图 2-24 菜单参数具体说明示意图

注意:变量小数的位数只用于显示屏上显示。如设定变量"Duty[0]"的值为 1000,因为其变量小数位数为 1,因此在显示屏上显示的数值为 100.0,但是在核心开发板中实际的变量大小仍然为 1000。

2.5.3 显示屏按键功能介绍

显示屏按键功能示意图如图 2-25 所示。

(1) 按键 S400、S402 控制界面上下选择参数,S400 向上,S402 向下。

图 2 - 25 显示屏按键功能示意图

（2）按键 S404、S406 控制数值进行数位选择，S404 左移，S406 右移。

（3）按键 S401、S403 控制菜单数值增减，S401 增加，S403 减少。

（4）按键 S405 控制"RunState"的列举值置 0。

（5）按键 S407 退出菜单程序。

2.5.4 红外遥控器按键功能介绍

红外遥控器按键功能示意图如图 2 - 26 所示。

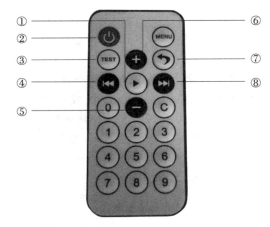

图 2 - 26 红外遥控器按键功能示意图

（1）按键①向下移动光标。

（2）按键②更改"RunState"的列举值为"0"。

（3）按键③更改"RunState"的列举值为"1"。

（4）按键④左移位数。

（5）按键⑤减小数值。

（6）按键⑥增加数值。

（7）按键⑦向上移动光标。

（8）按键⑧右移位数。

（9）数字按键"0～9"可直接用于数字输入。

2.6 串口示波器软件简介

本书配套的串口示波器软件，可以提取串口数据或网络数据，并以波形或数值的方式显示出来，用于观察数据变化规律、设备调试、数学计算、理论分析和数据存储等，并且功能强大，可以用于工程仿真验证,串口示波器界面如图 2 - 27 所示。本书第 15 章将详细介绍串口示波器的功能和使用方法。

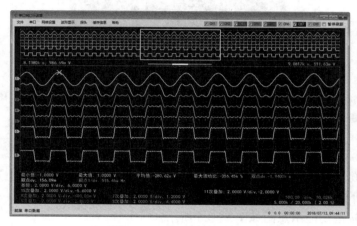

图 2 - 27 　串口示波器界面

本章小结

本章详细介绍了 X. Man 电力电子开发套件的软件平台。

X. Man 电力电子开发套件的系统架构包括上位机、核心开发板、液晶显示屏、通用半桥板和串口示波器等,构建了以核心开发板为控制核心的模块化的开发环境。

X. Man 电力电子开发套件的软件编译环境为 Keil,并基于 STM32 官方库自主编写了底层驱动函数、11 个 API 库函数及 18 个标准例程。

X. Man 电力电子开发套件通过 USB 转串口的方式进行程序下载,通过程序下载器可实现一键下载并运行的功能,替代了传统的 J - Link 下载方式。

X. Man 电力电子开发套件同时配备了液晶显示屏菜单调试功能和串口示波器软件,帮助开发者创建了便利的在线调参环境。

第 3 章

系统检测实验

本章内容

经过第 1 章与第 2 章的学习,开发者会对 X. Man 电力电子开发套件的硬件平台和软件平台有了一定的认识。本章将以例程 1 为例,介绍使用 X. Man 电力电子套件进行系统检测实验的完整过程。本章及后续章节所涉及全部代码请扫描书末二维码免费获取(即"附赠代码")。

例程 1 包括硬件信息显示、字体演示、液晶显示屏演示、按键测试、菜单设置测试和串口示波器波形测试等六个主要功能。

本章要求

1. 熟练掌握 X. Man 电力电子开发套件的开发流程。

2. 熟练掌握 X. Man 电力电子开发套件的各项功能及接口。

3.1 烧写程序

本节将使用例程 1 进行系统检测实验,详细介绍如何完成一个具体工程项目程序编译、程序下载的过程。

(1) 打开例程"1 Hello World"的 Keil 工程文件。

(2) 在 IDE 里点击 ⚙ (Options for Target),选择"Target"标签,检查芯片的型号和晶振频率。检查应用程序代码编写起始地址是否为"0x8010000",大小是否小于"0x6F000",检查 Keil 软件配置如图 3-1 所示。

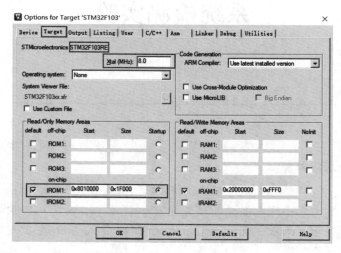

图 3-1 检查 Keil 软件配置

(3) 在 IDE 里点击 ⚙ (Options for Target),选择"User"标签,在"After Build/Rebuild"中检查"Run #1"选项里"fromelf -- bin . /Obj/STM32F103/template. axf"中的". axf"格式文件名是否为当前文件名,确保产生正确的二进制文件,匹配程序生成文件名如图 3-2 所示。

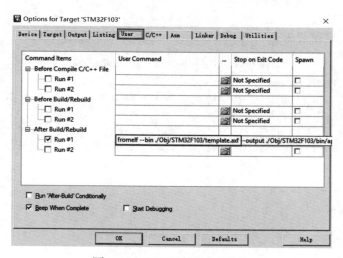

图 3-2 匹配程序生成文件名

（4）使用 Keil 软件对程序进行编译。

（5）编译成功后，打开文件下载器，通过浏览按钮选择刚才编译后的二进制文件，具体路径为：".. \STM32F103\18,IAP APK\Obj\STM32F103\bin\apk. bin\ER_IROM1"。

（6）选择并打开核心开发板对应上位机的 COM 口。点击串口→串口设置→搜索或选择串口→确定，串口设置界面如图 3-3 所示。点击串口→打开串口，文件下载器界面如图 3-4 所示。

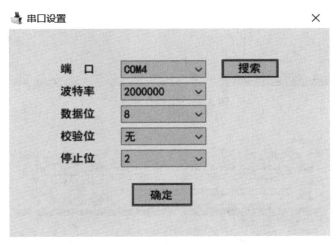

图 3-3　串口设置界面

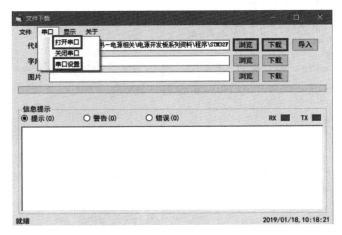

图 3-4　文件下载器界面

（7）串口打开成功后，在文件下载器下方会显示"串口已打开"字样，并显示对应的串口号和波特率，如图 3-5 所示。

（8）下载程序。点击下载，在此过程中应避免系统掉电，等待进度条达到 100％时下载完成，当核心开发板向上位机发送"System is running"字样时，程序已经下载完成并开始正常运行，程序下载完成如图 3-6 所示。

注意：X. Man 电力电子开发套件具备强制复位功能，当程序下载或运行发生异常时，开发者可以手动进入核心开发板的"Bootloader"模式。具体操作方式见 2.4.1 节。

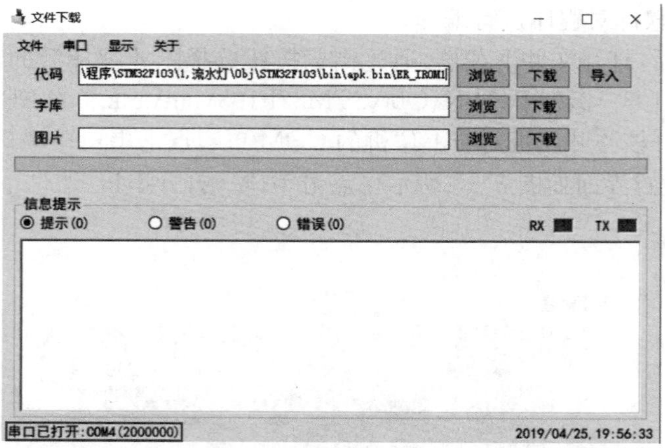

图 3-5 串口打开成功

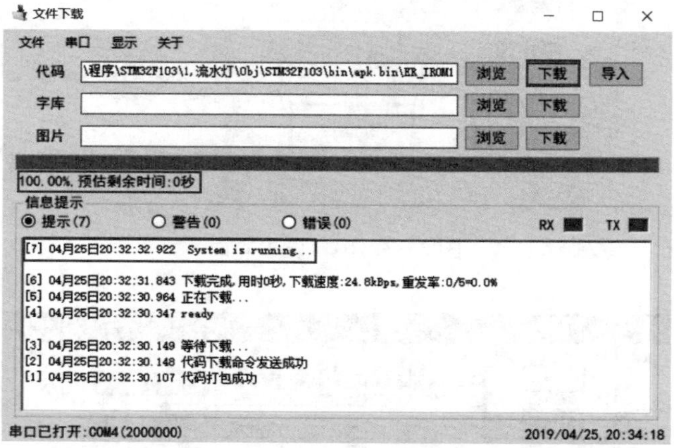

图 3-6 程序下载完成

3.2 实验结果

本节给出了例程 1 的执行结果,方便开发者对照。在该工程"apk.c"文件下的"Apk_Main
( )"函数中编译了以下演示程序:

(1) 硬件信息显示。

(2) 字体演示。

(3) 液晶显示屏演示。

(4) 按键测试。

(5) 菜单设置测试。

(6) 串口示波器波形测试。

1) 硬件信息显示程序

```
//硬件信息显示
  LCD_Clear(0);
  LCD_SelectFont((void * )&FONT_24);
```

```
    i = 10；
    LCD_PutStrLeftTop(10,i,LCD_H_PIXELS － 1,LCD_V_PIXELS － 1,"MCU：
STM32F103RET6 512KB ＋ 64KB",GREEN,0)；
    i ＋= 30；
    if(XFLASH_InitFlag)                //检测 XFLASH 是否正常
    {
        //显示 Flash 空间大小
        sprintf(str,"SPI Flash：64Mbits")；
        LCD_PutStrLeftTop(10,i,LCD_H_PIXELS － 1,LCD_V_PIXELS － 1,str,
GREEN,0)；
    }
    else
    {
        sprintf(str,"SPI Flash：error")；
        LCD_PutStrLeftTop(10,i,LCD_H_PIXELS － 1,LCD_V_PIXELS － 1,str,
RED,0)；
    }
    i ＋= 30；
    //显示 LED 液晶显示屏信息
    LCD_PutStrLeftTop(10,i,LCD_H_PIXELS － 1,LCD_V_PIXELS － 1,"LCD：
480x320RGB",GREEN,0)；
    i ＋= 30；
    //显示片外字库信息
    sprintf(str,"external font num：%d",XFONT_FontNum)；
    if(XFONT_FontNum)
    {
        LCD_PutStrLeftTop(10,i,LCD_H_PIXELS － 1,LCD_V_PIXELS － 1,str,
GREEN,0)；
    }
    else
    {
        LCD_PutStrLeftTop(10,i,LCD_H_PIXELS － 1,LCD_V_PIXELS － 1,str,
RED,0)；
    }
    i ＋= 30；
    //显示片内字库信息
    sprintf(str,"internal font num：%d",2)；
    LCD_PutStrLeftTop(10,i,LCD_H_PIXELS － 1,LCD_V_PIXELS － 1,str,
GREEN,0)；
    i ＋= 30；
    //显示按键个数
```

```
        sprintf(str,"key num : 4 + 8");
        LCD_PutStrLeftTop(10,i,LCD_H_PIXELS - 1,LCD_V_PIXELS - 1,str,
GREEN,0);
        i += 30;
        //显示 LED 灯个数
        sprintf(str,"led num : 4");
        LCD_PutStrLeftTop(10,i,LCD_H_PIXELS - 1,LCD_V_PIXELS - 1,str,
GREEN,0);
        i += 30;
        //显示 UART 频率
        sprintf(str,"uart br : 2M");
        LCD_PutStrLeftTop(10,i,LCD_H_PIXELS - 1,LCD_V_PIXELS - 1,str,
GREEN,0);
        i += 30;
        DelayMs(2000);
```

在硬件信息显示程序中显示了核心开发板的 Flash 内存大小、片外字库信息、片内字库信息、按键个数、LED 灯个数和 UART 频率等内容。硬件信息显示效果如图 3-7 所示。

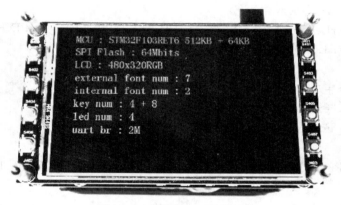

图 3-7 硬件信息显示效果

2) 字体演示程序

```
//字体演示
  if(XFONT_FontNum)
  {
      LCD_Clear(0);
      //显示字库预览信息
      y = 10;
      for(i = 0; i < XFONT_FontNum; i++)
      {
          XFONT_SeleFont(i);
```

```
        LCD_PutStrLeftTop(10,y,479,319,"123abcABC 中文",GREEN,0);
        y += XFONT_CurrHeader. font_height;
    }
    DelayMs(500);
}
```

　　字体演示程序将核心开发板内置的 8 种字体全部显示在了液晶显示屏上。字体演示效果
如图 3 - 8 所示。

图 3 - 8　字体演示效果

3) 液晶显示屏演示程序

```
//LCD 测试
    LCD_Clear(0);
    LCD_SelectFont((void * )&FONT_32);
    LCD_PutStrCenter(0,0,480,320,"LCD Test",GREEN,0);
    DelayMs(500);
    //LCD 全屏一次显示红色、绿色、蓝色和白色
    LCD_Clear(RED);
    DelayMs(500);
    LCD_Clear(GREEN);
    DelayMs(500);
    LCD_Clear(BLUE);
    DelayMs(500);
    LCD_Clear(WHITE);
    DelayMs(500);
    LCD_Clear(0);
    DelayMs(500);
    for(i = 0;i < LCD_H_PIXELS;i++)
    {
        //从左至右显示红色长条图案
```

```
        LCD_DrawLine(i,0,i,LCD_V_PIXELS - 1,(i << 11) & RED);
    }
    DelayMs(500);
    for(i = 0;i < LCD_H_PIXELS;i++)
    {
//从左至右显示绿色长条图案
        LCD_DrawLine(i,0,i,LCD_V_PIXELS - 1,(i << 5) & GREEN);
    }
    DelayMs(500);
    for(i = 0;i < LCD_H_PIXELS;i++)
    {
//从左至右显示蓝色长条图案
        LCD_DrawLine(i,0,i,LCD_V_PIXELS - 1,(i << 0) & BLUE);
    }
    DelayMs(500);
```

　　液晶显示屏演示程序在液晶显示屏上不同的位置显示多种颜色组合,以初步判断显示屏能否正常工作,实验时具体效果可在液晶显示屏上查看。
　　4)**按键测试程序**

```
//按键测试
LCD_Clear(0);
XFONT_SeleFont(3);
LCD_PutStrCenter(0,0,480,160,"按键、遥控器、触摸屏测试",GREEN,0);
XFONT_SeleFont(2);
LCD_PutStrCenter(0,160,480,320,"同时按 LCD 液晶显示屏左上角和右上角的按键退出",GREEN,0);
while(1)
{
    ApkTaskWait();
    TP_TouchScan();
    sprintf(str,"%d,%d        ",TP_TouchPoint[0]. x,TP_TouchPoint[0]. y);
    LCD_PutStrLeftTop(50,5,480,320,str,RED,0);
    sec = TaskTimeCnt/1000;
    if(sec_last ! = sec)
    {
        sec_last = sec;
        sprintf(str,"%02d:%02d:%02d",sec/3600,sec/60 % 60,sec % 60);
        UART_SendStr(str);
        LCD_PutStrRightCenter(0,5,LCD_H_PIXELS - 1,30,str,GREEN,0);
        UART_SendStr(" Apk is running ... \n");
    }
```

```
//按键读取初始化函数
KEY_READ_PREPARE();
key = DbValue;
//读取核心开发板按键
if(KEY_MAIN_BT1_IS_DOWN)
{
    LCD_SetBar(480 * 37/75,300,480 * 37/75 + 20,310,GREEN);
}
else
{
    LCD_SetBar(480 * 37/75,300,480 * 37/75 + 20,310,0);
}
DbValue = key;
if(KEY_MAIN_BT2_IS_DOWN)
{
    LCD_SetBar(480 * (37 + 9)/75,300,480 * (37 + 9)/75 + 20,310,GREEN);
}
else
{
    LCD_SetBar(480 * (37 + 9)/75,300,480 * (37 + 9)/75 + 20,310,0);
}
DbValue = key;
if(KEY_MAIN_BT3_IS_DOWN)
{
    LCD_SetBar(480 * (37 + 18)/75,300,480 * (37 + 18)/75 + 20,310,
GREEN);
}
else
{
        LCD_SetBar(480 * (37 + 18)/75,300,480 * (37 + 18)/75 + 20,310,
0);
    }
    DbValue = key;
    if(KEY_MAIN_BT4_IS_DOWN)
    {
        LCD_SetBar(480 * (37 + 27)/75,300,480 * (37 + 27)/75 + 20,310,
GREEN);
    }
    else
    {
        LCD_SetBar(480 * (37 + 27)/75,300,480 * (37 + 27)/75 + 20,310,
```

```
0);
    }
    //读取 LCD 液晶显示屏按键
    DbValue = key;
    if(KEY_LCD_BT1_IS_DOWN)
    {
        LCD_SetBar(10,320 * 10/51 - 5,30,320 * 10/51 + 5,GREEN);
    }
    else
    {
        LCD_SetBar(10,320 * 10/51 - 5,30,320 * 10/51 + 5,0);
    }
    DbValue = key;
    if(KEY_LCD_BT2_IS_DOWN)
    {
        LCD_SetBar(10,320 * (10 + 11)/51 - 5,30,320 * (10 + 11)/51 + 5,GREEN);
    }
    else
    {
        LCD_SetBar(10,320 * (10 + 11)/51 - 5,30,320 * (10 + 11)/51 + 5,0);
    }
    DbValue = key;
    if(KEY_LCD_BT3_IS_DOWN)
    {
        LCD_SetBar(10,320 * (10 + 22)/51 - 5,30,320 * (10 + 22)/51 + 5,GREEN);
    }
    else
    {
        LCD_SetBar(10,320 * (10 + 22)/51 - 5,30,320 * (10 + 22)/51 + 5,0);
    }
    DbValue = key;
    if(KEY_LCD_BT4_IS_DOWN)
    {
        LCD_SetBar(10,320 * (10 + 33)/51 - 5,30,320 * (10 + 33)/51 + 5,GREEN);
    }
    else
    {
```

```
            LCD_SetBar(10,320 * (10 + 33)/51 - 5,30,320 * (10 + 33)/51 + 5,0);
    }
    DbValue = key;
    if(KEY_LCD_BT5_IS_DOWN)
    {
        LCD_SetBar(450,320 * 10/51 - 5,470,320 * 10/51 + 5,GREEN);
    }
    else
    {
        LCD_SetBar(450,320 * 10/51 - 5,470,320 * 10/51 + 5,0);
    }
    DbValue = key;
    if(KEY_LCD_BT6_IS_DOWN)
    {
        LCD_SetBar(450,320 * (10 + 11)/51 - 5,470,320 * (10 + 11)/51 +
5,GREEN);
    }
    else
    {
      LCD_SetBar(450,320 * (10 + 11)/51 - 5,470,320 * (10 + 11)/51 +
5,0);
    }
    DbValue = key;
    if(KEY_LCD_BT7_IS_DOWN)
    {
        LCD_SetBar(450,320 * (10 + 22)/51 - 5,470,320 * (10 + 22)/51 +
5,GREEN);
    }
    else
    {
        LCD_SetBar(450,320 * (10 + 22)/51 - 5,470,320 * (10 + 22)/51 + 5,0);
    }
    DbValue = key;
    if(KEY_LCD_BT8_IS_DOWN)
    {
        LCD_SetBar(450,320 * (10 + 33)/51 - 5,470,320 * (10 + 33)/51 +
5,GREEN);
    }
    else
    {
        LCD_SetBar(450,320 * (10 + 33)/51 - 5,470,320 * (10 + 33)/51 +
```

```
5,0);
                }
                if(IR_Key || ((~key) & 0xffff) || TP_TouchNum)
                {
                    LED_ALL_ON();
                }
                else
                {
                    LED_ALL_OFF();
                }
                //读取红外遥控器按键
                if(IR_Key)
                {
                    sprintf(str,"IR KEY：%02d\n",IR_Key);
                    IR_Key = 0;
                    UART_SendStr(str);                           //串口发送按键信息
                    LCD_PutStrCenter(0,0,480,320,str,RED,0);     //LCD 显示按键信息
                }
                DbValue = key;
                //同时按下 LCD 液晶显示屏左上角和右上角按键即可退出
                if(KEY_LCD_BT1_IS_DOWN && KEY_LCD_BT5_IS_DOWN)
                {
                    break;
                }
            }
```

　　按键测试程序包括测试核心开发板上的 4 个按键、液晶显示屏上的 8 个按键、红外遥控器上的 20 个按键和触摸屏触摸功能。

　　按下核心开发板上的 4 个按键或液晶显示屏上的 8 个按键后,在液晶显示屏上的对应位置会显示绿色光标,以确认按键工作可靠,按键测试效果如图 3-9 所示。

图 3-9　按键测试效果

　　按下红外遥控器上的按键后,会在液晶显示屏中央显示红外遥控器上的按键编号。用手指触摸液晶显示屏后,会在液晶显示屏左上角显示触点坐标,红外遥控器测试效果如图 3 - 10 所示。

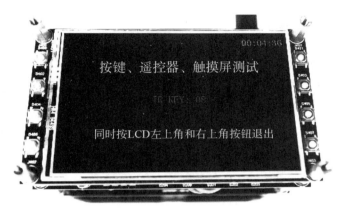

图 3 - 10　红外遥控器测试效果

同时按下液晶显示屏左上角按键 S400 和右上角的按键 S401 即可退出按键测试程序。

5）菜单设置测试程序

```
//菜单设置
    LCD_Clear(GREEN);
    DEBUG_InitPara();
    XFONT_SeleFont(3);
    DEBUG_SetPara();
```

　　菜单测试效果如图 3 - 11 所示,菜单的具体操作可参考 2.5 节。按下液晶显示屏右下角按键 S407 即可退出菜单设置测试。

图 3 - 11　菜单测试效果

6）串口示波器波形测试程序

```
//波形显示
LCD_Clear(0);
```

```
XFONT_SeleFont(3);
LCD_PutStrCenter(0,0,480,320,"串口快速上传数据测试",GREEN,0);
cnt = 100;
ptr16 = (u16*)XFLASH_TempBuffer;
for(i = 0;i < cnt;i++)
{
    //生成正弦表
    ptr16[i] = sin(i * 2 * 3.1415926/cnt) * 1500 + 2048;
}
i = 0;
while(1)
{
    //向 DAC 依次发送正弦表中的数据
    DAC1_SetValue((ptr16[i]));
    str[0] = 0x7F;
    y = GET_AD_CH1_RAW_DATA;
    str[1] = y;
    str[2] = y >> 8;
    y += + rand() % 500;
    str[3] = y;
    str[4] = y >> 8;
    //串口发送数据至上位机
    UART_SendData(str,5);
    DelayUs(1000);
    i++;
    if(i >= cnt)
    {
        i = 0;
    }
}
```

在串口示波器波形测试程序中,核心开发板将通过串口向上位机发送正弦波。打开串口示波器软件,选择相应的串口后,可在串口示波器上显示正弦波形。

本章小结 ———————

本章主要描述了系统检测实验,介绍了例程 1 编译、下载、执行的完整过程。

烧写程序步骤总结如下:

(1) 首先需要检查应用程序代码的起始编写地址。

(2) 检查编译后生成的".axk"格式文件是否正确,以及生成对象是否为当前程序的".bin"文件。

(3) 使用 Keil 软件进行编译。

（4）使用文件下载器进行下载。

例程 1 主要包含以下内容：

（1）硬件信息显示。

（2）字体演示。

（3）液晶屏演示。

（4）按键测试。

（5）菜单设置测试。

（6）串口示波器波形测试。

第 4 章

基础电路

∧

本章内容 ————

　　本章主要介绍 X. Man 电力电子开发套件的核心基础电路,包括半桥电路、电压采样电路和电流采样电路等。只有熟练掌握它们的基本原理和功能,才可以完成高精度、高效率的系统电路设计。

　　X. Man 电力电子开发套件的通用半桥板是一块集成了电压采样电路、电流采样电路和滤波电路的半桥电路。在系统电路实验中,采样电路的精度是影响整个系统实验精度的重要因素。因此,本章将介绍半桥电路的基本工作模式,重点介绍通用半桥板的电压采样电路、电流采样电路的电路原理及其校准方式。

本章要求 ————

　　1. 熟练掌握 X. Man 通用半桥板的半桥电路原理及其使用方式。

　　2. 熟练掌握 X. Man 通用半桥板的电压采样电路原理及其校准方式。

　　3. 熟练掌握 X. Man 通用半桥板的电流采样电路原理及其校准方式。

4.1　半桥电路

半桥电路是电力电子技术中常用的一种电路拓扑，其主要由两个开关管组成，很多复杂的拓扑都可以看作是基于半桥电路某种形式的变换得到的。X. Man 电力电子开发套件的通用半桥板在常见的半桥结构基础上做了一定改进，采用了一种新型的半桥结构，使其更具有通用性。改进后的半桥电路拓扑如图 4-1 所示。

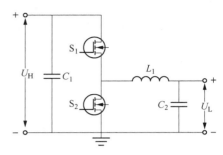

图 4-1　改进后的半桥电路拓扑

半桥电路采用通态电阻极低的低功耗 MOSFET 取代整流二极管，利用同步整流技术降低电路的整体功率损耗。MOSFET 在图 4-1 中为 S_1 和 S_2，其导通状态与二极管的工作状态保持同步便可以完成同步整流的功能。MOSFET 自身包含体二极管，为其关断时的电流提供通道。X. Man 电力电子套件通用半桥板中选用的电力电子器件是 N 沟道 MOSFET。

图 4-1 所示半桥电路中的电流既可以从 U_H 流向 U_L 也可以从 U_L 流向 U_H，具有双向 DC-DC 变换功能。当 U_H 作输入、U_L 作输出时，半桥电路工作在降压斩波（Buck）电路模式下，能实现降压变换；反之，当 U_L 作输入、U_H 作输出时，半桥电路工作在升压斩波（Boost）电路模式下，能实现升压变换。

注意：根据 X. Man 电力电子开发套件的元器件选型，通用半桥板的最高耐压为 70 V。

4.2　电压采样电路

电路实验中的模拟量（如电压值、电流值）需要经过采样电路进入核心开发板的 ADC 通道转换为数字信号。为了得到准确的实验数据，可以通过硬件调节和软件调节两种方法提高采样电路的量程和精度。

常用的采样电路一般可以分为电压采样电路和电流采样电路。通用半桥板的电压采样电路如图 4-2 所示，通用半桥板在 VH 和 VL 两端均设有电压采样电路，VL 端比 VH 端的分压电路多一个电压跟随器和滤波电路，两者均采用分压电路进行电压采样、工作原理一致，R_{118}

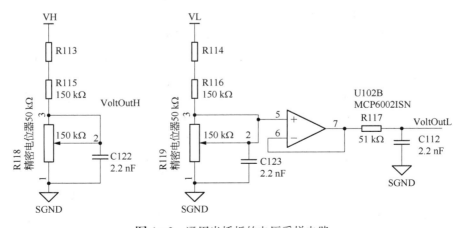

图 4-2　通用半桥板的电压采样电路

和 R_{119} 分别为 VH 端和 VL 端的分压电阻。以输入电压从 VL 进入电压采样电路为例,输入电压经过电阻 R114、R116 和电位器 R119 分压后接入电压跟随器,然后经过 RC 滤波输入至 A/D 转换器。A/D 转换器的采样最大为 3.3 V,为保证采集数据的精度,经过运算放大器后实际输入到 A/D 转换器的电压范围为 0～3 V。调节电位器 R119 的阻值可以改变电压跟随器的输入电压 U'_{R119}。在保证电压采样电路量程的前提条件下,电压跟随器的输入电压与输出电压量程越接近,精度越高。因此 U'_{R119} 最大为 3 V,由此关系可以确定电位器 R119 的实际阻值 R'_{119},即

$$U'_{R119} = \frac{R'_{119}}{R_{114} + R_{116} + R_{119}} \times U_{Lmax} = 3\,V \tag{4-1}$$

式中,U_{Lmax} 为输入电压的最大值。进一步得到输入电压 U_L 与输出电压 $U_{VoltOutL}$ 的关系为

$$U_{VoltOutL} = \frac{R'_{119}}{R_{114} + R_{116} + R_{119}} \times U_L \tag{4-2}$$

在核心开发板内采集到的输出电压 $U_{VoltOutL}$ 的值是 A/D 采样值 AD_u,需要将其转换为电压值并与实际的输出电压保持一致,其转换关系如下:

$$U_L = \frac{R_{114} + R_{116} + R_{119}}{R'_{119}} \times U_{VoltOutL} = \frac{R_{114} + R_{116} + R_{119}}{R'_{119}} \times \frac{AD_u}{4\,095} \times 3 \tag{4-3}$$

在实际代码中可以简化为

$$U_L = K_v \times AD_u \tag{4-4}$$

式中,AD_u 为电压采样值;K_v 为电压采样值与实际值的比例系数。

电压采样校准步骤如下:

(1) 硬件调参:调节电位器改变 R118 和 R119 的值,使得输入电压最大值 U_{Lmax} 对应到 $U_{VoltOutL}$ 的最大值 3 V。

(2) 软件调参:硬件调参完成后,通过软件微调 K_v 值使得采样得到的电压值更准确。

注意:VH 端电压采样电路未接电压跟随器,要保证调好硬件参数后再接线。

4.3 电流采样电路

为获取电路中的电流值,通常是通过霍尔电流传感器,或者阻值较小的高精度采样电阻,将电流信号转换成电压信号输出给 ADC 通道,由转换后的电压与电流之间的关系,间接计算出实际的电流大小。一般在完成电流电压转换之后还要进行一次信号放大的处理过程,以适应 ADC 通道的输入电压范围,增加测量精度。

在实际应用中,可能会遇到电流方向发生改变的情况,在设计电路时还需要考虑如何用同一个电流采样电路测量不同方向的电流大小并且能判断其方向。通用半桥板的电流采样电路如图 4-3 所示。

由 4.1 节可知,半桥电路拓扑的电流方向是可以根据应用场合的不同而发生改变的,既可以从 VH 端流向 VL 端,也可以从 VL 端流向 VH 端。图 4-3 中霍尔电流传感器 ACS712ELCTR-05B-T 串联在 VH 和 VL 之间,用于测量主回路中的电流大小。输入电流经霍尔传感器转换为电压信号,然后经过由运放 MCP6002ISN 构成的差分放大电路和 RC 滤波后,输入至核心开发板的 ADC 通道。

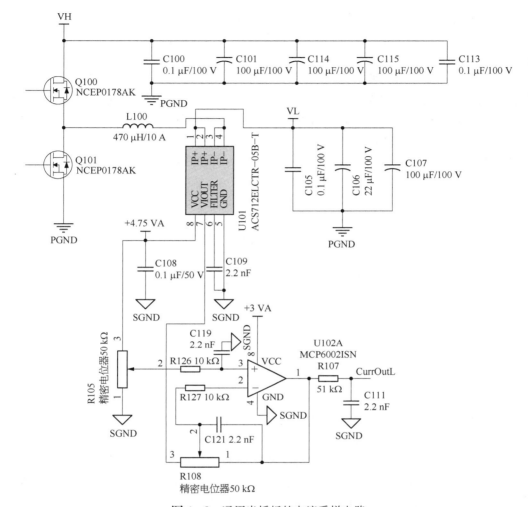

图 4-3 通用半桥板的电流采样电路

霍尔传感器输出的电压 U_{Iout} 与输入电流 I_p 成比例系数固定的线性关系。VCC 为霍尔传感器的供电电压,通用半桥板中电流采样电路的 VCC 为 4.75 V。当输入电流为零时,静态输出电压 $V_{\text{Iout}}(Q)$ 保持在 VCC/2,$V_{\text{Iout}}(Q)=2.375$ V,因此,霍尔传感器的电流/电压转换关系可以表述为

$$U_{\text{Iout}} = -0.185 I_p + 2.375 \tag{4-5}$$

注意:电流采样电路中差分放大器会使得采集到的电流与实际电路反向,为了保证实际输入电流与电流采样电路的输出结果成同向关系,在电流采样电路中将输入电流反向接入霍尔传感器,使得输入电流和输出电压为反比关系。

在差分放大器内,输出电压 U_{CurrOutL} 和输入电压 U_{Iout} 的关系由电位器 R105 和电位器 R108 共同决定,其表达式为

$$\left.\begin{aligned} U_p &= \frac{R'_{105}}{50} \times VCC \\ U_{\text{CurrOutL}} &= \left(1 + \frac{R'_{108}}{50-R'_{108}}\right) U_p - \frac{R'_{108}}{50-R'_{108}} U_{\text{Iout}} \end{aligned}\right\} \tag{4-6}$$

式中，R_{108} 为比例调节电阻、R'_{108} 为电位器 R108 调节后的实际值；R_{105} 为增益调节电阻、R'_{105} 为电位器 R105 调节后的实际值；U_p 为差分放大器正向电压，即偏置电压；U_{Iout} 为霍尔传感器的输出电压。

由表达式可以看出电位器 R108 决定电流增益，电位器 R105 和 R108 共同决定电流偏置。霍尔传感器输入电流的范围为 $-5 \sim +5$ A，运算放大器的输出电压范围为 $0 \sim 3$ V。为了保证电流采样的量程和精度，当电流为 -5 A 时，输出电压应为 0 V；当电流为 0 A 时，输出电压应为 1.5 V；当电流为 5 A 时，输出电压应为 3 V。

在核心开发板内可以得到 $U_{CurrOutL}$ 的 AD 采样值，需要将其转换为电流值并与实际的输出电流保持一致：

$$I_L = \frac{1}{0.185} \times \left\{ \frac{\left[U_{CurrOutL} - \left(1 + \frac{R'_{108}}{50 - R'_{108}}\right) U_p \right] (50 - R'_{108})}{R'_{108}} + 2.375 \right\}$$

$$= \frac{1}{0.185} \times \left\{ \frac{\left[\frac{AD_i}{4\,095} \times 3 - \left(1 + \frac{R'_{108}}{50 - R'_{108}}\right) U_p \right] (50 - R'_{108})}{R'_{108}} + 2.375 \right\} \qquad (4-7)$$

在代码中可以简化为

$$I_L = K_i \times (AD_i - B_i) \qquad (4-8)$$

式中，AD_i 为电流采样值；B_i 为电流偏置；K_i 为电流采样值与实际值的比例。

通用半桥板中的运放采用单电源供电，运放无法输出负电压，需要保证实际输入电压经运放处理后的输出值要在 $0 \sim 3$ V 的范围内。在进行电流采样电路校准时，若电流传感器测量半桥主回路中的交流电流，需要将采样电流为 0 A 时的输出电压调至运放供电电压 3 V 的一半；若只测量直流正向电流时，可将偏置电压调至略大于 0 V，以提高测量精度；同理，若只测量直流反向电流时，可将偏置电压调至略小于运放供电电压大小。

由于电流增益只与电位器 R108 有关，因此先调节增益，再调节偏置。电流采样量程校准步骤如下：

（1）硬件调参。1 A 的增益对应电压 AD 值的变化量为 409.5，通过调节电位器 R108 的阻值，使得输出电流变化 1 A 时，AD 值的变化量为 409 左右，此时增益调节完成。

测量交流电流时，当输出电流为 0 A，得到输出电压 $U_{CurrOutL}$ 应为 1.5 V，对应的 AD 值为 2048；在电位器 R108 已经完成调节的前提下，通过调节电位器 R105 的阻值，使得输出电流为 0 A 时，AD 值为 2048 左右，此时偏置调节完成。测量直流电流时操作方法与此类似，AD 值最大为 2^{12} 即 4096，可从 0 调节至 4095，但在实际操作过程中，通常要考虑余量。根据半桥主回路的电流方向，AD 值分别调节至 1 和 4094 左右。

（2）软件调参。硬件调参完成后，通过软件微调 K_i 值，使得采样得到的电流值更准确。

至此，电压采样校准和电流采样校准均已完成，确保了通用半桥板的准确数据采集。

本章小结

本章介绍了 X. Man 电力电子套件通用半桥板的半桥电路原理及其使用方式、电压采样电路和电流采样电路原理及其校准方式。

X. Man 电力电子套件通用半桥板的半桥电路根据输入、输出端口选择的不同,可以变为降压斩波电路和升压斩波电路。在 U_H 端和 U_L 端设计了电压采样电路,在 U_L 端设计了电流采样电路。电压采样电路通过一个电位器 R118/R119 修改比例系数 K_v,从而可以实现量程调节。比例系数 K_v 越大,电压采样电路的量程越大,相应的测量精度越低。电流采样电路通过两个电位器 R108 和 R105 分别修改比例系数 K_i 和偏置系数 B_i,从而可以实现量程调节。比例系数 K_i 越大,电流采样电路的量程越大,相应的测量精度越低。此外,还可以通过软件调参修正 K_v 和 K_i 的值,保证测量的准确性。

第 5 章

降压斩波电路

本章内容

本章将学习 DC-DC 变换电路中的降压斩波电路。从降压斩波电路原理入手，结合 X. Man 电力电子开发套件详解降压斩波电路的拓扑及控制方法。目的在于用最简单的设计思路完成一个高效率、高精度的降压斩波电路，并对其进行测试与数据分析。

本章要求

1. 熟练掌握降压斩波电路拓扑及工作原理。

2. 使用 X. Man 电力电子开发套件制作一个高效率、高精度的降压斩波电路。

3. 分析实验数据，找出相应的实验规律。

5.1　降压斩波电路理论分析

降压斩波电路是一种常见的 DC - DC 变换电路,本章将运用半桥电路实现降压变换,使输出平均电压低于或等于输入电压,且输出电压与输入电压极性相同。降压斩波电路只需要使用一块通用半桥板就可以实现(本实验选用通用半桥板 1)。

利用通用半桥板形成的降压斩波电路是实现输出电压低于或等于输入电压的非隔离型斩波电路。基于 X. Man 电力电子开发套件的降压斩波电路拓扑如图 5 - 1 所示。

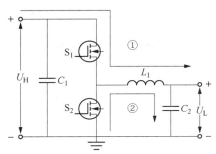

图 5 - 1　基于 X. Man 电力电子开发套件的降压斩波电路拓扑

当半桥电路的上下桥臂输入两路互补控制信号时,必须设置死区时间,保证一个周期内只有一个开关管导通,如果上下桥臂 MOSFET 同时导通,电流将直接从电源流向地,将对 MOSFET 造成损坏,所以当 S_1 导通时,S_2 必定关断;反之 S_2 导通时,S_1 必定关断。

当半桥电路工作在降压斩波电路模式时,电路输入端在左侧,输出端在右侧。开关管 S_2 可以和 S_1 互补导通或始终处于关断状态,通过控制开关管 S_1 的通断,电路有两种不同的工作回路。在一个周期内,开关管 S_1 导通时,电流回路如图 5 - 1 中①所示,电源向负载供电,理想情况下输出电压与输入电压基本相等。$U_L = U_H$;开关管 S_1 断开时,电流回路如图 5 - 1 中②所示,输出电流经过 S_2 续流,输出电压为零,$U_L = 0$ V。负载电流呈指数曲线下降。为了使负载电流连续且脉动小,通常串接电感值较大的电感。至一个周期 T 结束,再驱动 S_1 导通,重复上一个周期的过程。

在一个开关周期 T 内,开关管 S_1 导通的时间为 t_{on},由此可以得出输出电压 U_L 的计算:

$$U_L = \frac{t_{on}}{T} U_H \tag{5-1}$$

$\alpha = \dfrac{t_{on}}{T}$ 为开关管 S_1 的占空比,则输出电压的计算如下:

$$U_L = \alpha U_H \tag{5-2}$$

由式(5-2)可知,在降压斩波电路模式中,输出电压 U_L 最大为输入电源电压 U_H,若减小占空比 α,则 U_L 随之减小。

当电路工作于稳态时,负载电流在一个周期的初值和终值相等,负载电流平均值为

$$I_L = \frac{U_L}{R} \tag{5-3}$$

根据对输出电压平均值进行调制的方式不同,斩波电路可有三种控制方式:

(1) 保持开关周期 T 不变,调节开关导通时间 t_{on} 以改变占空比 α 的方式,称为脉冲宽度调制(Pulse Width Modulation,PWM)或脉冲调宽型。

(2) 保持开关导通时间 t_{on} 不变,调节开关周期 T 以改变占空比 α 的方式,称为频率调制或调频型。

(3) 开关导通时间 t_{on} 和开关周期 T 都可调节以改变占空比 α 的方式,称为混合型。

在采用降压斩波电路设计电源时,为了安全起见必须要设置过流保护。设定当输出电流 I_L 超过某一数值时,直接关闭输出。另外要实现稳压,需要采集输出电压值与目标电压值进行比较,建立闭环控制,通过调节占空比 α 的大小实现稳压输出。

调节输出电压时,如果当前输出电压和输出电流都没有达到限幅值,在控制逻辑中则允许继续提高输出电压;如果有任何一个值超出限幅值,则强制降低输出电压,甚至直接关闭输出。在稳压测试中,应保持负载电阻 R 不变,通过调节从 U_H 端外部输入的直流稳压电源电压改变实时输入,观察输出电压的变化情况,判断能否保持 U_L 端恒压输出;在限流测试中,应保持外部输入电压不变,通过调节负载电阻 R 改变实时电流输出,观察输出电流的变化情况,判断能否在设定的电流限幅值达到时输出保护动作。

5.2 降压斩波电路实验程序分析

```
//加载头文件
#include "includes.h"

//全局变量
#define ApkTaskWait()        {APK_Common();TASK_Wait();TASK_SetTimer(10);}
#define APK_FUN_ARG_LEN(10)        //函数参数个数最大值

s32 PwmFreq,Duty[PWM_PHASE_NUM],PwmDead,RunState,LcdBkLight;
s32 DacSetValue[DAC_CH_NUM];
s32 AdcRawData[ADC_CH_NUM];
s32 TaskTimeSec;

s32 VoltL[PWM_PHASE_NUM];        //半桥中点电压(mV)
s32 Curr[PWM_PHASE_NUM];        //半桥中点电流(mA)
s32 K_VoltL[PWM_PHASE_NUM];        //半桥中点电压系数
s32 K_Curr[PWM_PHASE_NUM];        //半桥中点电流系数
s32 B_Curr[PWM_PHASE_NUM];        //半桥中点电流偏置

s32 SetVoltL[PWM_PHASE_NUM];        //设定半桥中点电压系数
s32 SetCurr[PWM_PHASE_NUM];        //设定半桥中点电流系数

void (*ptrApkTask)(void);        //任务指针
void (*ptrApkTaskPre)(void);        //任务指针

void APK_Jump(void (*apk_fun)(void));
void APK_Jump2Pre(void);
void APK_Common(void);
void Apk_Main(void);
void APK_Ctrl(void);

//AD采样计算程序
void APK_VoltCurrCalc(void)
```

```
{
    Curr[0] = (GET_AD_CH1_RAW_DATA - B_Curr[0]) * K_Curr[0]/1000;
    Curr[1] = (GET_AD_CH3_RAW_DATA - B_Curr[1]) * K_Curr[1]/1000;
    Curr[2] = (GET_AD_CH5_RAW_DATA - B_Curr[2]) * K_Curr[2]/1000;
    VoltL[0] = GET_AD_CH2_RAW_DATA * K_VoltL[0]/1000;
    VoltL[1] = GET_AD_CH4_RAW_DATA * K_VoltL[1]/1000;
    VoltL[2] = GET_AD_CH6_RAW_DATA * K_VoltL[2]/1000;
}
```

"APK_VoltCurrCalc( )"函数的功能是将6路AD值转换为初始的电压值和电流值。4.2节和4.3节中已经介绍了电压采样电路和电流采样电路的原理,故不再赘述。在校准电压采样电路时需要调节分压电阻电位器R118和R119,在校准电流采样电路时需要调节比例调节电阻R_{108}和增益调节电阻R_{105}。程序中,电压比例系数K_v、电流比例系数K_i和偏置系数B_i分别用变量"K_VoltL[ ]""B_Curr[ ]"和"K_Curr[ ]"定义,在硬件调参校准完成后,可以通过软件在线调参的方式对采样系统进行微调。

```
//闭环控制程序
void APK_Ctrl(void)
{
    s32 set_volt;                                    //设定电压
    s32 set_curr;                                    //设定电流
    s32 volt;                                        //采样电压
    s32 curr;                                        //采样电流
    static s32 duty;                                 //占空比
    APK_VoltCurrCalc( );                             //AD计算函数
    set_volt = SetVoltL[2];                          //在线调参
    set_curr = SetCurr[2];                           //在线调参
    volt = APK_Mean1(VoltL[2],0);
    curr = APK_Mean2(Curr[2],0);                     //滑窗滤波
    if((volt > set_volt + 2000) || (curr > set_curr + 500))   //限幅
    {
        duty = 0;
    }
    else if((volt > set_volt) || (curr > set_curr))
    {
        if(duty > 0)
        {
            duty -= 3;
        }
        if(duty < 0)
        {
            duty = 0;
```

```
        }
    }
  else if((volt < set_volt) && (curr < set_curr))
    {
      if(duty < (995))
        {
      duty++;
        }
    }
  Duty[0] = duty ;
  PWM_SET_CCR3(Duty[0] * (PWM_ARR + 1)/1000,Duty[1] * (PWM_ARR +
1)/1000,Duty[2] * (PWM_ARR + 1)/1000);
    }
```

一般在电源程序设计过程中,首先需要进行限幅保护。本例中当输出电压"volt"超过设定电压"set_volt"20 V以上,或者输出电流"curr"超过设定电流"set_curr"5 A以上时,降压电路占空比"duty"强制置0。

在有限幅保护的基础上,当输出电压"volt"大于设定电压"set_volt",或者输出电流"curr"大于设定电流"set_curr"时,减小降压电路的占空比"duty"。

当输出电压"volt"小于设定电压"set_volt",并且输出电流"curr"小于设定电流"set_curr"时,不断增大降压电路占空比"duty"直到电路进入稳态,输出值跟踪给定值。

与此同时,为了确保降压斩波电路实验的可靠运行,程序中将降压占空比"duty"的值限定在0~99.5%的区间内。

"PWM_SET_CCR3(ccr1,ccr2,ccr3)"函数用于给通用半桥板发送PWM控制信号。

降压斩波电路实验程序流程图如图5-2所示。

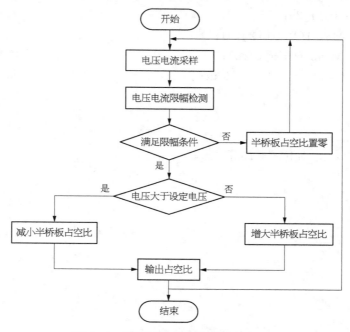

图 5-2 降压斩波电路实验程序流程图

5.3　降压斩波电路实验过程

1）实验要求

使用 X. Man 电力电子开发套件实现以下目标：

（1）输入电压范围 25~48 V，输出电压稳定在 24 V，精度误差小于±0.2 V。

（2）输出电流范围 0~5 A 可调，误差小于 1%。

（3）转换效率 95% 以上。

2）实验器材

（1）核心开发板一块。

（2）液晶显示屏一块。

（3）通用半桥板一块。

（4）功率分析仪一台。

（5）直流稳压源两台。

（6）直流电子负载一台。

（7）杜邦线若干。

3）实验设备连接

降压斩波电路实验接线如图 5-3 所示。主控芯片 STM32F103 输出一组带死区的 PWM 控制信号，核心开发板的 PWM1 和 PWM2 引脚，分别接入通用半桥板的 PWM HIN 和 PWM LIN 引脚。降压斩波电路输入端 U_H 接外部直流电源，输出端 U_L 接直流电子负载并且使电子负载工作在恒流模式下，采用功率分析仪记录数据。为了提高效率，核心开发板采用独立电源供电。注意：PWM 控制信号必须添加死区时间。

图 5-3　降压斩波电路实验接线图

注意：通常做实验时将三块半桥板均如图 5-3 中所示接入电路，但只操作需要用到的半桥板即可。

4）实验步骤

本实验分为开环实验和闭环实验两个部分。首先进行开环实验，掌握通过半桥电路实现降压的基本操作；然后进行闭环实验，增加降压电路的抗干扰能力。

（1）开环实验。设置输入电压分别为 25 V、36 V 和 48 V，输出电流分别对应 1 A、2.5 A 和 5 A。使用红外遥控器手动调节显示屏上的"Duty[0]"以改变占空比 α，使得输出电压保持在

24 V。调节完毕后,观察占空比 α 是否接近理论值。

（2）闭环实验。设置输入电压分别为 25 V、36 V 和 48 V,使用闭环调节程序自动调节占空比 α,使得输出电压保持在 24 V,输出电流分别对应 1 A、2.5 A 和 5 A。记录输入电压、输入电流、输出电压、电压误差、输出电流、电流误差、输入功率、输出功率、输入阻抗、输出阻抗和效率。

5) 界面设置

根据实验要求,需要在液晶显示屏菜单界面添加输出电压的设定值"SetVoltL"变量及其他相关参数,便于软件在线调参。在 X. Man 电力电子开发套件配套的代码源文件目录中找到"api\debug. c"文件。在"debug. c"文件中找到用户添加菜单里面的变量数组"MENU_MEMBER VarMenu[ ]",在其中添加想定义的参数。本实验中设置了如表 5-1 所示的菜单界面参数。

表 5-1　降压斩波电路实验菜单界面参数

序号	名称	功　　能
1	RunState	控制 PWM 开关输出
2	Duty	通用半桥板占空比
3	SetVoltL	输出电压设定值
4	SetCurr	输出电流设定值
5	VoltL	电压采样值
6	Curr	电流采样值

本实验中,降压斩波电路实验功率分析仪参数见表 5-2。

表 5-2　降压斩波电路实验功率分析仪参数

序号	名称	功　　能
1	U_1	输入电压
2	I_1	输入电流
3	U_2	输出电压
4	I_2	输出电流
5	P_1	输入功率
6	P_2	输出功率
7	Z_1	输入阻抗
8	Z_2	输出阻抗
9	η_e	转换效率

5.4　降压斩波电路实验结果及分析

1) 数据分析

降压斩波电路实验数据见表 5-3。

表 5-3　降压斩波电路实验数据

序号	输入电压/V	输入电流/A	输出电压/V	电压误差/V	输出电流/A	电流误差/%
1	25.007	0.973 3	23.998	<±0.2	1.004 6	0.46
2	25.005	2.430 4	24.008	<±0.2	2.505 2	0.208
3	25.009	4.878	24.012	<±0.2	5.004	0.08
4	35.995	0.676 9	24.157	<±0.2	0.994 6	0.54
5	36.014	1.695 9	24.052	<±0.2	2.505 4	0.216
6	36.017	3.389 6	24.01	<±0.2	4.994	0.12
7	48.005	0.513 7	24.029	<±0.2	1.004 7	0.47
8	48.011	1.274 7	24.004	<±0.2	2.505 2	0.208
9	48.004	2.562	24.05	<±0.2	5.005	0.1

序号	输入功率/W	输出功率/W	输入阻抗/Ω	输出阻抗/Ω	效率/%	
1	24.338	24.108	25.693	23.888	99.05	
2	60.772	60.143	10.289	9.583	98.96	
3	122	120.16	5.126 6	4.798 7	98.49	
4	24.362	24.024	53.18	24.288	98.61	
5	61.074	60.26	21.235	9.6	98.67	
6	122.08	119.9	10.626	4.808	98.22	
7	24.66	24.14	93.443	23.916	97.89	
8	61.197	60.136	37.664	9.582	98.27	
9	122.98	120.36	18.737	4.805 5	97.87	

根据实验数据可以得到以下结论:

(1) 在开环实验中,占空比 α 的值基本与理论值相等。

(2) 在闭环实验中,观察输出电流相同 1、4、7 组,2、5、8 组和 3、6、9 组实验发现,输出电流一定时,输出电压越接近输入电压,变换电路的转换效率越高。

2) 实验数据指标达成

根据数据分析的结果可知,本实验最终完成以下主要指标:

(1) 输出电压误差均小于±0.1 V。

(2) 转换效率均大于 97%。

(3) 输入电压从 25 V 变到 48 V 时,电压调整率 $S_U = 0.158\%(I_o = 5\,A)$。

(4) 输出电流从 1 A 变到 5 A 时,负载调整率 $S_I = 0.087\,5\%(U_o = 48\,V)$。

本章小结

本章介绍了使用 X. Man 电力电子开发套件完成降压斩波电路实验的过程。该电路可以实现在输入电压 25~48 V 的变化过程中,输出电压始终保持在设定值(设定值小于直流电压输入值)。在电路构成方面,由一块通用半桥板构成降压斩波电路主电路,核心开发板构成控制电路。通用半桥板的 U_H 端作为降压斩波电路的输入端连接外部直流稳压电源,通用半桥板的 U_L 端作为降压斩波电路的输出端连接直流电子负载。通过实验数据分析发现,降压斩波电路的输出电压越接近输入电压,变换电路的转换效率越高。本章及下章竞赛真题统一在第 7 章升降压斩波电路讲解完毕后给出。

第 6 章

升压斩波电路

∧

本章内容 ————

　　本章将学习 DC‐DC 变换电路中的升压斩波电路。从升压斩波电路原理入手,结合 X. Man 电力电子开发套件详解升压斩波电路的拓扑及控制方法。目的在于用最简单的设计思路完成一个高效率、高精度的升压斩波电路,并对其进行测试与数据分析。

本章要求 ————

　　1. 熟练掌握升压斩波电路拓扑及工作原理。

　　2. 使用 X. Man 电力电子开发套件制作一个高效率、高精度的升压斩波电路。

　　3. 分析实验数据,找出相应的实验规律。

6.1 升压斩波电路理论分析

升压斩波电路是另一种常见的 DC – DC 变换电路,本章将运用半桥电路实现升压变换,使输出平均电压高于或等于输入电压,且输出电压与输入电压极性相同。和降压斩波电路一样,升压斩波电路只需要使用一块通用半桥板就可以实现(本实验选用通用半桥板 1)。在进行升压斩波电路实验时需要严格进行限幅设置,以防输出电压过高而烧坏元器件。

利用通用半桥板形成的升压斩波电路是实现输出电压高于或等于输入电压的非隔离型斩波电路。基于 X. Man 电力电子开发套件的升压斩波电路拓扑如图 6 – 1 所示。

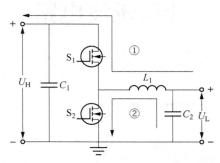

图 6 – 1 基于 X. Man 电力电子开发套件的升压斩波电路拓扑

分析升压斩波电路的工作原理时,首先需要假设电路中电感 L 值很大,电容 C_1 值也很大。当半桥电路工作在升压斩波电路模式时,输入输出端和降压斩波电路模式相反,此时电路输入端在右侧,输出端在左侧。开关管 S_1 和 S_2 处于互补导通状态,通过控制开关管 S_2 的通断,电路有两种不同的工作回路。在一个周期内,开关管 S_2 导通时,电流回路如图 6 – 1 中②所示,电源向电容 C_2 充电,同时由电容 C_1 向负载供电,使输出电压基本保持不变。开关管 S_2 断开时,电流回路如图 6 – 1 中①所示,电源和电感储存的能量同时向负载供电,并对电容 C_1 充电,实现升压。至一个周期 T 结束,再驱动 S_2 导通,重复上一个周期的过程。

当电路处于稳态时,电感不消耗能量,电感 L_1 存储的能量与释放的能量相等。在一个开关周期 T 内,开关管 S_2 导通的时间为 t_{on},电感储存的能量为 $U_L i_L t_{on}$,开关管 S_2 关断的时间为 t_{off},电感释放的能量为 $(U_H - U_L) i_L t_{off}$,由此可以得出:

当电路工作于稳态时,负载电流在一个周期的初值和终值相等,因此有

$$U_L i_L t_{on} = (U_H - U_L) i_L t_{off} \tag{6-1}$$

$\alpha = \dfrac{t_{on}}{T}$ 为开关管 S_2 占空比,化简式(6 – 1)得

$$U_H = \frac{t_{on} + t_{off}}{t_{off}} U_L = \frac{1}{1 - \alpha} U_L \tag{6-2}$$

由式(6 – 2)可知,$\dfrac{t_{on} + t_{off}}{t_{off}} \geqslant 1$,在升压斩波电路模式中,输出电压高于输入电压,实现升压。

开关管 S_1 的占空比为 α',与 S_2 互补($\alpha' = 1 - \alpha$),则此时升压公式为

$$U_{\mathrm{H}} = \frac{1}{\alpha}U_{\mathrm{L}} \qquad\qquad (6-3)$$

输出电流的平均值 I_{H} 为

$$I_{\mathrm{H}} = \frac{U_{\mathrm{H}}}{R} \qquad\qquad (6-4)$$

　　升压斩波电路之所以能使输出电压高于外部电源输入电压,关键有两个原因:一是 L 储能之后具有使电压泵升的作用;二是电容 C_1 可实现对输出电压的稳压。在以上分析中,认为 S_2 处于导通状态期间,因电容 C_1 的稳压作用使得输出电压 U_{H} 不变。但实际上电容值不可能为无穷大,在开关管 S_2 导通阶段,电容 C_1 向负载放电,U_{H} 必然会有所下降,故实际输出电压会略低于通过式(6-3)计算所得的结果。不过在电容值足够大时,实际值与理论计算的误差很小,基本可以忽略。

　　如果忽略电路中的损耗,则由电源提供的能量仅由负载消耗,即

$$U_{\mathrm{H}}I_{\mathrm{H}} = U_{\mathrm{L}}I_{\mathrm{L}} \qquad\qquad (6-5)$$

该式在降压斩波电路中同样成立。

　　升压斩波电路的应用十分广泛,可以构成单相功率因数校正(Power Factor Correction, PFC)电路,即 PFC 电路,将在本书第 13 章详细介绍。

　　在采用升压斩波电路设计电源时,与降压斩波电路类似,同样要考虑保护和限幅的问题,其总体设计思路与 5.2 节一致,即调节输出电压时,如果当前输出电压和输出电流都没有达到限幅值,在控制逻辑中则允许继续提高输出电压;如果有任何一个值超出限幅值,则强制降低输出电压,甚至直接关闭输出。特别是电压限幅在这里格外重要,过压可能会导致元器件损坏或失效。

6.2　升压斩波电路实验程序分析

```
//加载头文件
#include "includes. h"

//全局变量
#define ApkTaskWait()        {APK_Common(); TASK_Wait(); TASK_SetTimer
(10);}
#define APK_FUN_ARG_LEN(10)        //函数参数个数最大值

s32 PwmFreq,Duty[PWM_PHASE_NUM],PwmDead,RunState,LcdBkLight;
s32 DacSetValue[DAC_CH_NUM];
s32 AdcRawData[ADC_CH_NUM];
s32 TaskTimeSec;

s32 VoltL[PWM_PHASE_NUM];        //半桥中点电压(mV)
s32 Curr[PWM_PHASE_NUM];         //半桥中点电流(mA)
s32 K_VoltL[PWM_PHASE_NUM];      //半桥中点电压系数
```

```
s32 K_Curr[PWM_PHASE_NUM];              //半桥中点电流系数
s32 B_Curr[PWM_PHASE_NUM];              //半桥中点电流偏置

s32 SetVoltL[PWM_PHASE_NUM];            //设定半桥中点电压系数
s32 SetCurr[PWM_PHASE_NUM];             //设定半桥中点电流系数

void ( * ptrApkTask)(void);             //任务指针
void ( * ptrApkTaskPre)(void);          //任务指针

void APK_Jump(void ( * apk_fun)(void));
void APK_Jump2Pre(void);
void APK_Common(void);
void Apk_Main(void);
void APK_Ctrl(void);

//AD 采样计算程序
void APK_VoltCurrCalc(void)
{
    Curr[0] = (GET_AD_CH1_RAW_DATA − B_Curr[0]) * K_Curr[0]/1000;
    Curr[1] = (GET_AD_CH3_RAW_DATA − B_Curr[1]) * K_Curr[1]/1000;
    Curr[2] = (GET_AD_CH5_RAW_DATA − B_Curr[2]) * K_Curr[2]/1000;
    VoltL[0] = GET_AD_CH2_RAW_DATA * K_VoltL[0]/1000;
    VoltL[1] = GET_AD_CH4_RAW_DATA * K_VoltL[1]/1000;
    VoltL[2] = GET_AD_CH6_RAW_DATA * K_VoltL[2]/1000;
}

//闭环控制程序
void APK_Ctrl(void)
{
s32 set_volt;                                   //设定电压
s32 set_curr;                                   //设定电流
s32 volt;                                       //采样电压
s32 curr;                                       //采样电流
static s32 duty;                                //占空比
APK_VoltCurrCalc();                             //AD 计算函数
set_volt = SetVoltL[2];                         //在线电压调参
set_curr = SetCurr[2];                          //在线电流调参
volt = APK_Mean1(VoltL[2],0);
curr = APK_Mean2(Curr[2],0);                    //滑窗滤波
if((volt > set_volt + 2000) || (curr > set_curr + 500))   //限幅
    {
```

```
            duty = 995;
        }
        else if((volt > set_volt) || (curr > set_curr))
        {
            if(duty < 995)
            {
                duty += 3;
            }
            if(duty >= 995)
            {
                duty = 995;
            }
        }
        else if((volt < set_volt) && (curr < set_curr))
        {
            if(duty > 450)
            {
                duty -= 3;
            }
    if(duty < 450)
            {
                duty = 450;
            }
        }
        Duty[0] = duty;
        PWM_SET_CCR3(Duty[0] * (PWM_ARR + 1)/1000,Duty[1] * (PWM_
ARR + 1)/1000,Duty[2] * (PWM_ARR + 1)/1000);
    }
```

　　一般在电源程序设计过程中,首先需要进行限幅保护。本例中当输出电压"volt"超过设定电压"set_volt"20 V 以上,或者输出电流"curr"超过设定电流"set_curr"5 A 以上时,升压电路占空比"duty"强制设定为"995",其目的是将其设置为占空比最大值 99.5%。

　　在有限幅保护的基础上,当输出电压"volt"大于设定电压"set_volt",或者输出电流"curr"大于设定电流"set_curr"时,增大升压电路占空比"duty"。

　　当输出电压"volt"小于设定电压"set_volt",并且输出电流"curr"小于设定电流"set_curr"时,不断降低升压电路占空比"duty"直到电路进入稳态,输出值跟踪给定值。

　　与此同时,为了确保升压斩波电路实验的可靠运行,程序中将升压电路占空比"duty"的值限定在了 45%～99.5%的区间内。

　　"PWM_SET_CCR3(ccr1,ccr2,ccr3)"函数用于给通用半桥板发送 PWM 控制信号。

　　升压斩波电路实验程序流程图如图 6-2 所示。

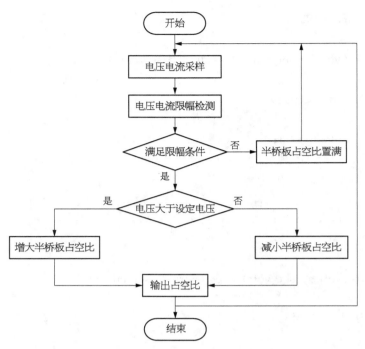

图 6-2 升压斩波电路实验程序流程图

6.3 升压斩波电路实验过程

1）实验要求

使用 X. Man 电力电子开发套件实现以下目标：

（1）输入电压稳定在 24 V，输出电压范围 25～48 V，精度误差小于±0.2 V。

（2）输出电流范围 0～5 A 可调，误差小于 1%。

（3）转换效率 95% 以上。

2）实验器材

（1）核心开发板一块。

（2）液晶显示屏一块。

（3）通用半桥板一块。

（4）功率分析仪一台。

（5）直流稳压电源两台。

（6）直流电子负载一台。

（7）杜邦线若干。

3）实验设备连接

升压斩波电路实验接线如图 6-3 所示。主控芯片 STM32F103 输出一组带死区的 PWM 控制信号，核心开发板的 PWM1 和 PWM2 引脚，分别接入通用半桥板的 PWM HIN 和 PWM LIN 引脚。升压斩波电路输入端 U_L 接外部直流电源，输出端 U_H 接直流电子负载并且使电子负载工作在恒阻模式下，采用功率分析仪记录数据。为了提高效率，核心开发板采用独立电源供电。注意：PWM 控制信号必须添加死区时间。

图 6-3 升压斩波电路实验接线图

4）实验步骤

本实验分为开环实验和闭环实验两个部分。首先进行开环实验，掌握通过半桥电路实现升压的基本操作；然后进行闭环实验，增加升压电路的抗干扰能力。

（1）开环实验。设置输入电压 24 V 恒定，使用红外遥控器手动调节显示屏上的"Duty［2］"以改变占空比 α，使得输出电压分别为 25 V、36 V 和 48 V。升压斩波电路输出端连接的电子负载工作在恒阻模式，在每个输出电压等级下，通过改变电子负载的阻值使外部电源输入电流分别为 1 A、2.5 A 和 5 A。调节完毕后，观察占空比 α 是否接近理论值。

（2）闭环实验。设置输入电压 24 V 恒定，使用闭环控制程序自动调节占空比 α，使得输出电压为 25 V、36 V 和 48 V。升压斩波电路输出端连接的电子负载工作在恒阻模式，在每个输出电压等级下，通过改变电子负载的阻值使外部电源输入电流分别为 1 A、2.5 A 和 5 A。记录输入电压、输入电流、输出电压、电压误差、输出电流、电流误差、输入功率、输出功率、输入阻抗、输出阻抗和效率。

5）界面设置

根据实验要求，需要在液晶显示屏菜单界面添加输出电压的设定值"SetVoltL"变量及其他相关参数，便于软件在线调参。在 X. Man 电力电子开发套件配套的代码源文件目录中找到"api/debug. c"文件。在"debug. c"文件中找到用户添加菜单里面的变量数组"MENU_MEMBER VarMenu［ ］"，在其中添加想定义的参数。本实验中设置的菜单界面参数见表 6-1。

表 6-1 升压斩波电路实验菜单界面参数

序号	名称	功 能
1	RunState	控制 PWM 开关输出
2	Duty	通用半桥板占空比
3	SetVoltL	输出电压设定值
4	SetCurr	输出电流设定值
5	VoltL	电压采样值
6	Curr	电流采样值

注意:在"debug. c"的菜单设置中需要将"Duty[0]"的最小值"var_min"一栏设置为 450,其目的是将升压电路的占空比最小值设置为 45%,起到限幅保护作用。因此,在实验过程中最多只能将输入电压提升一倍左右。

本实验中,升压斩波电路实验功率分析仪参数见表 6 - 2。

表 6 - 2 升压斩波电路实验功率分析仪参数

序号	名称	功 能
1	U_1	输入电压
2	I_1	输入电流
3	U_2	输出电压
4	I_2	输出电流
5	P_1	输入功率
6	P_2	输出功率
7	Z_1	输入阻抗
8	Z_2	输出阻抗
9	η_e	转换效率

6.4 升压斩波电路实验结果及分析

1) 数据分析

升压斩波电路实验数据见表 6 - 3。

根据实验数据可以得到以下结论:

(1) 在开环实验中,占空比 α 的值基本与理论值相等。

(2) 在闭环实验中,观察输入电流相同的 1、4、7 组,2、5、8 组和 3、6、9 组实验发现,输入电流一定时,输出电压越接近输入电压,变换电路的转换效率越高。

2) 实验数据指标达成

根据数据分析的结果可知,本实验最终完成以下主要指标:

(1) 电压误差均小于 ±0.1 V。

(2) 转换效率均大于 97%。

(3) 输出电压从 25 V 变到 48 V 时,电压调整率 $S_U = 0.16\%$($I_o = 5$ A)。

(4) 输入电流从 1 A 变到 5 A 时,负载调整率 $S_I = 0.087\%$($U_o = 48$ V)。

表 6-3 升压斩波电路实验数据

序号	输入电压/V	输入电流/A	输出电压/V	电压误差/V	输出电流/A
1	24.004	1.0048	48.036	<±0.1	0.4905
2	24.015	2.5096	47.999	<±0.1	1.233
3	24.086	4.999	48.055	<±0.1	2.4507
4	24.013	1.02	36.017	<±0.1	0.6702
5	24.013	2.5071	36.004	<±0.1	1.6494
6	24.077	5.021	36.075	<±0.1	3.2876
7	24.003	1.0085	25.013	<±0.1	0.9594
8	24.018	2.5014	25.007	<±0.1	2.3794
9	24.04	5.013	25.051	<±0.1	4.732

序号	输入功率/W	输出功率/W	输入阻抗/Ω	输出阻抗/Ω	效率/%
1	24.118	23.56	23.889	97.925	97.69
2	60.266	59.176	9.57	38.928	98.19
3	120.4	117.75	4.8184	19.609	97.8
4	24.484	24.136	23.533	53.741	98.58
5	60.101	59.285	9.593	21.865	98.64
6	120.88	118.59	4.7957	10.973	98.11
7	24.208	23.997	23.8	26.073	99.13
8	60.079	59.501	9.602	10.51	99.04
9	120.45	118.55	4.7956	5.2936	98.42

本章小结

本章介绍了使用 X.Man 电力电子开发套件完成升压斩波电路实验的过程。该电路可以实现在输入电压保持在 24 V 时(设定值大于直流电压输入值),输出电压在 25~48 V 稳定变化。

在电路构成方面,由一块通用半桥板构成升压斩波电路主电路,核心开发板构成控制电路。通用半桥板的 U_L 端作为升压斩波电路的输入端连接外部直流稳压电源,通用半桥板的 U_H 端作为升压斩波电路的输出端连接直流电子负载。通过实验数据分析发现,升压斩波电路的输出电压越接近输入电压,变换电路的转换效率越高。

第 7 章

升降压斩波电路

∧

本章内容

本章将学习 DC – DC 变换电路中的升降压斩波（Buck-Boost）电路。从本章开始将使用多块通用半桥板组成不同的电路拓扑，从而对各类典型的电力电子变换电路形成系统性的认识。

本章首先介绍经典的升降压斩波电路拓扑及其原理，然后学习使用 X. Man 电力电子开发套件设计升降压斩波电路。目的在于用最简单的设计思路完成一个高效率、高精度的升降压斩波电路，并对其进行测试与数据分析。

本章要求

1. 熟练掌握升降压斩波电路拓扑及工作原理。

2. 使用 X. Man 电力电子开发套件制作一个高效率、高精度的升降压斩波电路。

3. 根据第 5 章和第 6 章的实验规律，设计相应的算法，以提升变换电路的转换效率。

7.1　升降压斩波电路理论分析

升降压斩波电路也是一种常见的 DC - DC 变换电路,本章将运用半桥电路的组合实现升降压变换,使输出平均电压大于或小于输入电压。由于升降压斩波电路可以在直流升压模式和直流降压模式中任意切换,所以在稳压控制方面具有广泛的应用价值。

采用通用半桥板实现升降压斩波电路的基本原理是将两个通用半桥板串接在一起,同名端相连,组合成一个全桥电路。若第一块通用半桥板处于升压电路模式,为升压半桥板;第二块通用半桥板处于降压电路模式,为降压半桥板。将升压半桥板的 U_L 端作为输入端接电源,输出端 U_H 端接入降压半桥板的输入端 U_H 端,降压半桥板的输出端 U_L 端接负载,则构成一个先升压再降压的升降压斩波电路。反之,若第一块通用半桥板处于降压电路模式,第二块通用半桥板处于升压电路模式。将降压半桥板的 U_H 端作为输入端接电源,输出端 U_L 端接入升压半桥板的输入端 U_L 端,升压半桥板的输出端 U_H 端接负载,则构成一个先降压再升压的升降压斩波电路。通用半桥板在 U_L 端设有电流采样电路,因此,需要搭建先升压后降压(两块半桥板的 U_H 端相连)的全桥电路进行升降压斩波电路实验,把第一块半桥板的 VL_1 端作为输入端 U_i,把第二块半桥板的 VL_2 端作为输出端 U_o,基于 X. Man 电力电子开发套件的升降压斩波电路拓扑如图 7 - 1 所示。

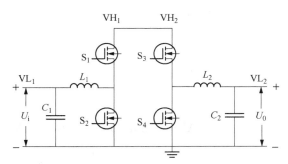

图 7 - 1　基于 X. Man 电力电子开发套件的升降压
斩波电路拓扑

当开关管 S_3 始终导通,开关管 S_4 始终关断时,此电路等效为升压斩波电路。

当开关管 S_1 始终导通,开关管 S_2 始终关断时,此电路等效为降压斩波电路。

在一个开关周期 T 内,开关管 S_1 的占空比为 α_1,开关管 S_3 的占空比为 α_2,根据式(5 - 2)和式(6 - 3)可以得出输出电压 U_o 的计算:

$$U_o = \alpha_2 \times \frac{1}{\alpha_1} U_i = \frac{\alpha_2}{\alpha_1} U_i \tag{7 - 1}$$

由式(7 - 1)可知:

当 $\frac{\alpha_2}{\alpha_1} < 1$ 时,输出电压低于输入电压,电路工作在降压模式。

当 $\frac{\alpha_2}{\alpha_1} > 1$ 时,输出电压高于输入电压,电路工作在升压模式。

从式(7 - 1)中可以发现升降压斩波电路中的电压增益是由 α_2 和 α_1 的比值确定的,每一个比值可以确定一个唯一的电压增益,然而 α_1 和 α_2 的值并不是唯一的。在程序设计中,希望每一个比值都有一个确定的 α_1 和 α_2 的值与之对应,并且获得最高的转换效率和最小的损耗。

通过第 5 章降压斩波电路与第 6 章升压斩波电路的学习得到了以下结论:

(1) 降压斩波电路的输出电压越接近输入电压(电压增益越大),变换电路的转换效率越高。

(2) 升压斩波电路的输出电压越接近输入电压(电压增益越小),变换电路的转换效率越高。

结合上述两个结论,不难得到以下推论:

在升降压斩波电路中,当电路工作在降压模式且保持电压增益不变时,若升压半桥板的占空比 $\alpha_1=100\%$,即升压半桥板电压增益为 1,则电路的转换效率越高;当电路工作在升压模式且保持电压增益不变时,若降压半桥板的占空比 $\alpha_2=100\%$,即降压半桥板电压增益为 1,则电路的转换效率越高。

因此,当升降压斩波电路工作在降压模式时,使升压半桥板的电压增益为 1,电路的降压增益完全由降压半桥板提供;当升降压斩波电路工作在升压模式时,使降压半桥板的电压增益为 1,电路的升压增益完全由升压半桥板提供。如此便能确定使电路转换效率最高的 α_1 和 α_2 的值。

7.2　升降压斩波电路实验程序分析

```
//加载头文件
#include "includes. h"

//全局变量
#define  ApkTaskWait ( )        {APK_Common ( ); TASK_Wait ( ); TASK_SetTimer
(10);}
#define APK_FUN_ARG_LEN(10)               //函数参数个数最大值

s32 PwmFreq,Duty[PWM_PHASE_NUM],PwmDead,RunState,LcdBkLight;
s32 DacSetValue[DAC_CH_NUM];
s32 AdcRawData[ADC_CH_NUM];
s32 TaskTimeSec;

s32 VoltL[PWM_PHASE_NUM];              //半桥中点电压(mV)
s32 Curr[PWM_PHASE_NUM];               //半桥中点电流(mA)
s32 K_VoltL[PWM_PHASE_NUM];            //半桥中点电压系数
s32 K_Curr[PWM_PHASE_NUM];             //半桥中点电流系数
s32 B_Curr[PWM_PHASE_NUM];             //半桥中点电流偏置

s32 SetVoltL[PWM_PHASE_NUM];           //设定半桥中点电压系数
s32 SetCurr[PWM_PHASE_NUM];            //设定半桥中点电流系数
```

```
void ( * ptrApkTask)(void);                        //任务指针
void ( * ptrApkTaskPre)(void);                     //任务指针

void APK_Jump(void ( * apk_fun)(void));
void APK_Jump2Pre(void);
void APK_Common(void);
void Apk_Main(void);
void APK_Ctrl(void);

//AD 采样计算程序
void APK_VoltCurrCalc(void)
{
    Curr[0] = (GET_AD_CH1_RAW_DATA - B_Curr[0]) * K_Curr[0]/1000;
    Curr[1] = (GET_AD_CH3_RAW_DATA - B_Curr[1]) * K_Curr[1]/1000;
    Curr[2] = (GET_AD_CH5_RAW_DATA - B_Curr[2]) * K_Curr[2]/1000;
    VoltL[0] = GET_AD_CH2_RAW_DATA * K_VoltL[0]/1000;
    VoltL[1] = GET_AD_CH4_RAW_DATA * K_VoltL[1]/1000;
    VoltL[2] = GET_AD_CH6_RAW_DATA * K_VoltL[2]/1000;
}


//闭环控制程序
void APK_Ctrl(void)
{
s32 set_volt;                                      //输出电压设定值
s32 volt_in;                                       //输入电压
s32 volt_out;                                      //输出电压
s32 curr;                                          //输出电流
s32 set_curr;                                      //输出电流设定值
static s32 buc_duty;                               //降压半桥板占空比
static s32 bost_duty;                              //升压半桥板占空比
static s32 duty;                                   //占空比中间变量
set_volt = SetVoltL[2];
set_curr = SetCurr[2];
APK_VoltCurrCalc();                                //AD 值计算
volt_in = APK_Mean1(VoltL[1],0);
volt_out = APK_Mean2(VoltL[2],0);
curr = APK_Mean3(Curr[2],0);                       //滑窗滤波
    if((volt_out > set_volt+2000) || (curr > set_curr))  //限幅保护
    {
        if (duty > (50 << 5))
        {
```

```
                duty = 50；
            }
        }
        else
        {
            if(volt_out > set_volt)
            {
                if(duty > (50 << 5))
                {
                    duty--；
                }
            }

            if(volt_out < set_volt)
            {
                if(duty < (1721 << 5))
                {
                    duty++；
                }
            }
        }
```

buc_duty = duty >> 5；   //中间变量 duty 和降压占空比 buc_duty 的数学关系
bost_duty = ((960 << 5) - (duty - (960 << 5))) >> 5；//中间变量 duty
和升压占空比 bost_duty 的数学关系

```
    if(buc_duty <50)                    //降压电路占空比最小值限幅
    {
        buc_duty = 50；
    }
    if(buc_duty >960)                   //降压电路占空比最大值限幅
    {
        buc_duty =960；
    }
    if(bost_duty > 960)                 //升压电路占空比最大值限幅
    {
        bost_duty=960；
    }
    if(bost_duty < 200)                 //升压电路占空比最小值限幅
    {
        bost_duty = 200；
```

```
    }

    Duty[0] = bost_duty;
    Duty[1] = buc_duty;
    PWM_SET_CCR3(Duty[0] * (PWM_ARR + 1)/1000,Duty[1] * (PWM_ARR
+ 1)/1000,Duty[2] * (PWM_ARR + 1)/1000);
    }
```

类似地,升降压斩波电路的控制程序中,首先也需要进行限幅保护。本例中当输出电压"volt_out"超过设定电压"set_volt"20 V 以上,或者输出电流"curr"超过设定电流"set_curr"5 A 以上时,将占空比中间变量"duty"强制设定为最小值 50,对应占空比为 5%,即降压电路占空比"buc_duty"强制设定为最小值 5,升压电路占空比"bost_duty"强制设定为最大值 960,对应占空比为 96%。

由 7.2 节的分析可知,为了保持升降压斩波电路的转换效率最大,始终有一块半桥板的占空比将处于最大值。当电路处于降压模式时,升压电路占空比"bost_duty"设为最大值 960;当电路处于升压模式时,降压电路占空比"buck_duty"设为最大值 960。为了使程序简化,设置了占空比中间变量"duty"以对应每一种情况。占空比中间变量"duty"的取值范围为 50~1 721,数值越小代表电路增益越小。当"duty"的值为 50 时,即代表"buck_duty"的值为 50 且"bost_duty"的值为 960;当"duty"的值为 1 721 时,即代表"buck_duty"的值为 960,"bost_duty"的值为 200。

在有限幅保护的基础上,当输出电压"volt_out"大于设定电压"set_volt",或者输出电流"curr"大于设定电流"set_curr"时,电路需要降压。此时减小占空比中间变量"duty"的值。当输出电压"volt_out"小于设定电压"set_volt",或者输出电流"curr"小于设定电流"set_curr"时,电路需要升压。此时增大占空比中间变量"duty"的值。

注意:通过输出值与设定值进行比较,判定当前需要升压还是降压,并不是判定升降压斩波电路需要工作在升压模式还是降压模式。根据上述程序,无论电路处于何种状态,最多执行两次判断后,就能确定升降压斩波电路的工作状态,之后的调节便可在满足效率最高的占空比分配下进行。

与此同时,为了确保升降压斩波电路实验的可靠运行,程序中将升压电路占空比"bost_duty"的值限定在了 20.0%~96.0%的区间内,将降压电路占空比"buc_duty"的值限定在了 5.0%~96.0%的区间内。

PWM_SET_CCR3(ccr1,ccr2,ccr3)函数用于给通用半桥板发送 PWM 控制信号。

升降压斩波电路实验程序流程图如图 7 - 2 所示。

7.3　升降压斩波电路实验过程

1) 实验要求

使用 X. Man 电力电子开发套件实现以下目标:

(1) 输入电压范围 12~48 V,输出电压稳定在 24 V,精度误差小于±0.2 V。

(2) 输出电流范围 0~2 A 可调,电流误差小于 1%。

(3) 转换效率 95%以上。

2) 实验器材

(1) 核心开发板一块。

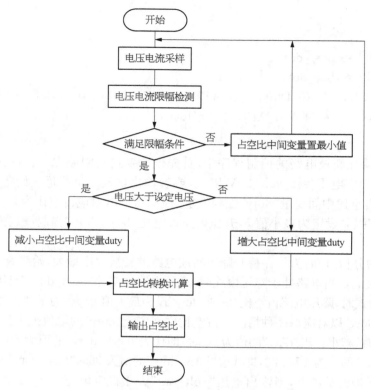

图7-2 升降压斩波电路实验程序流程图

（2）液晶显示屏一块。

（3）通用半桥板两块。

（4）功率分析仪一台。

（5）直流稳压电源两台。

（6）直流电子负载一台。

（7）杜邦线若干。

3）实验设备连接

升降压斩波电路实验接线如图7-3所示。主控芯片 STM32F103 输出一组带死区的

图7-3 升降压斩波电路实验接线图

PWM 控制信号,核心开发板的 PWM1 和 PWM2 引脚分别接入通用半桥板 1(升压电路模式)的 PWM HIN 和 PWM LIN 引脚。核心开发板的 PWM3 和 PWM4 引脚,分别接入通用半桥板 2(降压电路模式)的 PWM HIN 和 PWM LIN 引脚。通用半桥板 1 的 U_L 端接外部直流电源,通用半桥板 2 的 U_L 端接直流电子负载,两块通用半桥板的 U_H 端互连,采用功率分析仪记录数据。为了提高效率,核心开发板采用独立电源供电。注意:PWM 控制信号必须添加死区时间。

4)实验步骤

设置输入电压分别为 12 V、24 V 和 48 V,电子负载设置为恒流模式,在每个输出电压等级下使输出电流为 1 A 和 2 A。使用闭环控制程序自动调节占空比 α_1 和 α_2,使输出电压保持在 24 V。记录输入电压、输入电流、输出电压、电压误差、输出电流、电流误差、输入功率、输出功率、输入阻抗、输出阻抗和效率。

5)界面设置

根据实验要求,需要在液晶显示屏菜单界面添加输出电压的设定值"SetVoltL"变量及其他相关参数,便于软件在线调参。在 X. Man 电力电子开发套件配套的代码源文件目录中找到"api\debug. c"文件。在"debug. c"文件中找到用户添加菜单里面的变量数组"MENU_MEMBER VarMenu[ ]",在其中添加想定义的参数。本实验中设置的菜单界面参数见表 7-1。

表 7-1　升降压斩波电路实验菜单界面参数

序号	名称	功　能
1	RunState	控制 PWM 开关输出
2	Duty[0]	通用半桥板 1 的占空比
3	Duty[1]	通用半桥板 2 的占空比
4	SetVoltL	输出电压设定值
5	SetCurr	输出电流设定值

本实验中,升降压斩波电路实验功率分析仪参数见表 7-2。

表 7-2　升降压斩波电路实验功率分析仪参数

序号	名称	功　能
1	U_1	输入电压
2	I_1	输入电流
3	U_2	输出电压
4	I_2	输出电流
5	P_1	输入功率
6	P_2	输出功率
7	Z_1	输入阻抗
8	Z_2	输出阻抗
9	η_e	转换效率

7.4 升降压斩波电路试验结果及分析

1）数据分析

升降压斩波电路实验数据见表 7 - 3。

表 7 - 3 升降压斩波电路实验数据

序号	输入电压/V	输入电流/A	输出电压/V	电压误差/V	输出电流/A	电流误差/%
1	12.206	2.076 6	23.961	<±0.1	1.013 5	1.35
2	12.092	4.116	23.964	<±0.1	2.000 6	0.03
3	24.012	1.015 4	23.976	<±0.1	1.000 6	0.06
4	24.015	2.032 3	23.964	<±0.1	2.001 2	0.06
5	48.087	0.522 5	23.946	<±0.1	1.009 5	0.95
6	48.008	1.035 4	23.956	<±0.1	2.006 1	0.305

序号	输入功率/W	输出功率/W	输入阻抗/Ω	输出阻抗/Ω	效率/%	
1	24.96	24.284	5.791 3	23.641	97.29	
2	49.774	47.943	2.937 4	11.978	96.32	
3	24.381	23.99	23.647	23.962	98.39	
4	48.797	47.958	11.816	11.975	98.28	
5	25.111	24.169	92.04	23.72	96.25	
6	49.704	48.058	46.366	11.942	96.69	

根据实验数据可以得到以下结论：

（1）当输入电压为 12 V 时，升降压斩波电路工作在升压模式。

（2）当输入电压为 24 V 时，升降压斩波电路保持电压增益为 1。

（3）当输入电压为 48 V 时，升降压斩波电路工作在降压模式。

2）实验数据指标达成

根据数据分析的结果可知，本实验最终完成以下主要指标：

（1）电压误差均小于±0.1 V。

（2）转换效率均大于 96%。

（3）输入电压从 12 V 变到 48 V 时，电压调整率 $S_U=0.034\%(I_o=2 A)$。

（4）输出电流从 1 A 变到 2 A 时，负载调整率 $S_I=0.041\%(U_o=48 V)$。

7.5 全国大学生电子设计竞赛真题设计指标参考

1）2007 年全国大学生电子设计竞赛开关稳压电源（E 题）中要求

（1）DC - DC 变换器转换效率大于等于 85%。

（2）输入电压从 15 V 变到 21 V 时，电压调整率 $S_U \leqslant 0.2\%(I_o=2 A)$。

（3）输出电流从 0 变到 2 A 时，负载调整率 $S_1 \leqslant 0.5\%$（$U_o = 18\,\text{V}$）。

2）2015 年全国大学生电子设计竞赛双向 DC‑DC 变换器（A 题）中要求

（1）电压误差小于 $\pm 0.5\,\text{V}$。

（2）变换器效率大于 95%。

本章小结 ————

　　本章介绍了使用 X. Man 电力电子开发套件进行升降压斩波电路实验的过程。该电路可以实现在输入电压 12～48 V 的变换过程中，输出电压始终保持在设定值 24 V。

　　在电路构成方面，由两块通用半桥板构成升降压斩波电路主电路，第一块通用半桥板作为升压斩波电路，其 U_L 端作为输入端连接外部直流电源，第二块通用半桥板的 U_L 端作为整个升降压斩波电路的输出端接直流电子负载，两块通用半桥板的 U_H 端互连。本章在升降压斩波电路实验程序设计的过程中，为了使变换电路的转换效率最大，需要始终保持一块通用半桥板的占空比为最大值。

第 8 章

直流电子负载

∧

本章内容

本章将学习如何使用 X. Man 电力电子开发套件搭建不同类型的电子负载,并对其进行测试与数据分析。直流电子负载可以分为恒压(constant voltage,CV)型电子负载、恒流(constant current,CC)型电子负载、恒阻(constant resistance,CR)型电子负载和恒功率(constant power,CP)型电子负载。

本章要求

1. 熟练掌握直流电子负载的电路拓扑及工作原理。

2. 使用 X. Man 电力电子开发套件制作一个高精度的直流电子负载。

8.1　直流电子负载理论分析

在电力电子实验中经常要对电源设备的输出特性进行测试,传统的测试方法中主要采用电阻或滑动变阻器等器件充当测试负载。其准确度不高,因为电源存在输出阻抗,接电阻做测试负载时会分压,使测得的电源输出电压会比真实值要小。除此之外,传统电阻负载不能满足对负载多方面的要求,如恒定电流的负载、带输出端口的负载和动态负载等。而电子负载能够适应复杂电路的要求,尤其在传统方法不能解决的以恒定电压吸收电流,或者以恒定电流吸收电压等应用中,更能显示出优越性。

根据第 7 章对升降压斩波电路的介绍,得到升降压电路可以通过闭环调节开关管的占空比以实现控制输出电压的变化结论。本章在升降压斩波电路后接入一个定值电阻 R_1,将其构成直流电子负载电路,基于 X. Man 电力电子开发套件的直流电子负载电路拓扑如图 8-1 所示。

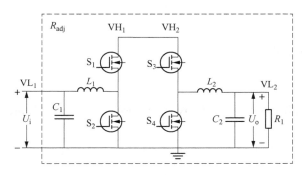

图 8-1　基于 X. Man 电力电子开发套件的直流电子
　　　　负载电路拓扑

图 8-1 中 U_i 为电子负载的输入电压, I_i 为输入电流, U_o 为定值电阻 R_1 两端的电压, I_o 为输出电流,由此可以得到电子负载的等效电阻 R_{adj}:

$$R_{adj} = \frac{U_i}{I_i} \qquad\qquad (8-1)$$

根据功率守恒定律可得

$$U_i I_i = \frac{U_i^2}{R_{adj}} = \frac{U_o^2}{R_1} \qquad\qquad (8-2)$$

对于恒压型电子负载,要求保持 U_i 恒定,即当 I_i 变化时, U_i 保持不变。由式(8-2)的关系可知,为了实现 U_i 的恒定,当 I_i 增大或减小时,需要增大或减小 U_o 以保证等式的成立。通过调整开关管的占空比以改变升降压斩波电路的电压增益,使得 U_o 随 U_i 同向变化,最终实现负载端输入电压恒定的功能。

对于恒流型电子负载,要求保持 I_i 恒定,即当 U_i 变化时, I_i 保持不变。由式(8-2)的关系可知,为了实现 I_i 的恒定,当 U_i 增大或减小时,需要增大或减小 U_o 以保证等式的成立。通过调整开关管的占空比以改变升降压斩波电路的电压增益,使得 U_o 随 U_i 同向变化,最终实现负载端输入电流恒定的功能。

对于恒阻型电子负载,要求保持等效电阻 R_{adj} 不变,即当 U_i 变化时,R_{adj} 维持恒定。由式 (8-2)的关系可知,为了实现 R_{adj} 的恒定,当 U_i 增大或减少时,需要增大或减少 U_o 以保证等式的成立。通过调整开关管的占空比以改变升降压斩波电路的电压增益,使得 U_o 随 U_i 同向变化,最终实现负载端等效电阻恒定的功能。

对于恒功率电子负载,要求保持 P_i 恒定,即当 U_i 变化时,P_i 维持恒定。由式(8-2)的关系可知,为了实现 P_i 的恒定,当 U_i 增大或减少时,需要减小或增大 U_o 以保证等式的成立。通过调整开关管的占空比以改变升降压斩波电路的电压增益,使得 U_o 随 U_i 反向变化,最终实现负载端输入功率恒定的功能。

综上可知,电子负载最终实现恒压、恒流、恒阻和恒功率的工作模式都是通过调节升降压斩波电路的电压增益实现的。

8.2　直流电子负载实验程序分析

1) 通用程序

```
//加载头文件
#include "includes. h"

//全局变量
#define ApkTaskWait()        {APK_Common();TASK_Wait();TASK_SetTimer(10);}
#define APK_FUN_ARG_LEN      (10)        //函数参数个数最大值

s32 PwmFreq,Duty[PWM_PHASE_NUM],PwmDead,RunState,LcdBkLight;
s32 DacSetValue[DAC_CH_NUM];
s32 AdcRawData[ADC_CH_NUM];
s32 TaskTimeSec;

s32 VoltL[PWM_PHASE_NUM];              //半桥中点电压(mV)
s32 Curr[PWM_PHASE_NUM];               //半桥中点电流(mA)
s32 K_VoltL[PWM_PHASE_NUM];            //半桥中点电压系数
s32 K_Curr[PWM_PHASE_NUM];             //半桥中点电流系数
s32 B_Curr[PWM_PHASE_NUM];             //半桥中点电流偏置

s32 SetVoltL[PWM_PHASE_NUM];           //设定半桥中点电压系数
s32 SetCurr[PWM_PHASE_NUM];            //设定半桥中点电流系数

void (*ptrApkTask)(void);              //任务指针
void (*ptrApkTaskPre)(void);           //任务指针

void APK_Jump(void (*apk_fun)(void));
void APK_Jump2Pre(void);
```

```
void APK_Common(void);
void Apk_Main(void);
void APK_Ctrl(void);

//AD 采样计算程序
void APK_VoltCurrCalc(void)
{
    Curr[0] = (GET_AD_CH1_RAW_DATA - B_Curr[0]) * K_Curr[0]/1000;
    Curr[1] = (GET_AD_CH3_RAW_DATA - B_Curr[1]) * K_Curr[1]/1000;
    Curr[2] = (GET_AD_CH5_RAW_DATA - B_Curr[2]) * K_Curr[2]/1000;
    VoltL[0] = GET_AD_CH2_RAW_DATA * K_VoltL[0]/1000;
    VoltL[1] = GET_AD_CH4_RAW_DATA * K_VoltL[1]/1000;
    VoltL[2] = GET_AD_CH6_RAW_DATA * K_VoltL[2]/1000;
}
```

2）恒压型电子负载控制程序

```
void APK_CVCtrl(void)
{
s32 set_volt;                          //设定电压
s32 volt_in;                           //输入电压
s32 volt_out;                          //输出电压
s32 curr_in;                           //输入电流
s32 curr_out;                          //输出电流
s32 set_curr;                          //设定电流
static s32 buc_duty;                   //降压电路占空比
static s32 bost_duty;                  //升压电路占空比
static s32 duty;                       //升降压电路占空比中间变量
static s32 TargVolt;                   //电子负载输入端目标电压

    APK_VoltCurrCalc();
    curr_in = abs(APK_Mean2(Curr[1],0));

    set_curr = 5000;                   //输出电流限流保护 5 A
    volt_out = APK_Mean3(VoltL[2],0);
    curr_out = APK_Mean4(Curr[2],0);
    volt_in = APK_Mean1(VoltL[1],0);
if(RunState == 0)                      //开关保护
    {
        duty = 5;
    }
    else
```

```
{
    if(curr_out > set_curr || volt_out > 65000 )       //限幅保护
    {
        duty=0;
        PWM_TIM->CCR3=0;
    }
    else
    {
        if(TargVolt > volt_in)                         //目标电压大于输入电压
        {
            if(duty > (50 << 5))
            {
                duty--;
            }
        }
        else if(TargVolt < volt_in)                    //目标电压小于输入电压
        {
            if(duty < (1900 << 5))
            {
                duty++;
            }
        }
    }

    buc_duty = duty >> 5;
    bost_duty = ((960 << 5) - (duty - (960 << 5))) >> 5;

    if(buc_duty <50)                                   //降压电路占空比最小值限幅
    {
        buc_duty = 50;
    }
    if(buc_duty >960)                                  //降压电路占空比最大值限幅
    {
        buc_duty =960;
    }
    if(bost_duty > 960)                                //升压电路占空比最大值限幅
    {
        bost_duty=960;
    }
    if(bost_duty < 200)                                //升压电路占空比最大值限幅
    {
```

```
            bost_duty = 200;
        }
    }
    Duty[0] = bost_duty;
    Duty[1] = buc_duty;
    PWM_SET_CCR3(Duty[0] * (PWM_ARR + 1)/1000,Duty[1] * (PWM_ARR
+ 1)/1000,Duty[2] * (PWM_ARR + 1)/1000);
    }
```

　　在电子负载恒压模式下,由于是直接对电压进行控制,因此,不需要对目标电压"TargVolt"进行转换。

　　由式(8-2)可知,当电子负载输入端电压设定值"set_volt"大于输入电压"volt_in"时,相当于输入电压 U_i 减小,为维持 U_i 实际保持不变,相应的应增大升降压电路的电压增益,使电子负载中电阻 R_1 两端的电压增大,从而增大电子负载输入端的电压"volt_in"。当电子负载输入端电压设定值"set_volt"小于输入电压"volt_in"时,则应减小升降压电路的电压增益,使电子负载中电阻 R_1 两端的电压减小,从而减小电子负载输入端的电压"volt_in"。

　　恒压型电子负载实验程序流程图如图 8-2 所示。

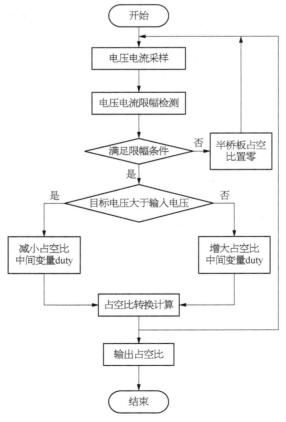

图 8-2　恒压型电子负载实验程序流程图

3）恒流型电子负载控制程序

```c
void APK_CCCtrl(void)
{
s32 set_volt;                              //设定电压
s32 volt_in;                               //输入电压
s32 volt_out;                              //输出电压
s32 curr_in;                               //输入电流
s32 curr_out;                              //输出电流
s32 set_curr;                              //设定电流
static s32 buc_duty;                       //降压电路占空比
static s32 bost_duty;                      //升压电路占空比
static s32 duty;                           //升降压电路占空比中间变量
static s32 TargVolt;                       //电子负载输入端目标电压

    APK_VoltCurrCalc();
    curr_in = abs(APK_Mean2(Curr[1],0));

    set_curr = 5000;                       //输出电流限流保护 5 A
    volt_out = APK_Mean3(VoltL[2],0);
    curr_out = APK_Mean4(Curr[2],0);
    volt_in = APK_Mean1(VoltL[1],0);
if(RunState == 0)                          //开关保护
    {
        duty = 5;
    }
    else
{
    if(curr_out > set_curr || volt_out > 65000)    //限幅保护
    {
        duty=0;
        PWM_TIM->CCR3=0;
    }
    else
    {
        if(SetCurr[1] < curr_in)                   //目标电流小于输入电流
        {
            if(duty > (50 << 5))
            {
                duty--;
            }
```

```
        }
        else if(SetCurr[1] > volt_in)              //目标电流大于输入电流
        {
            if(duty < (1900 << 5))
            {
                duty++;
            }
        }
    }

    buc_duty = duty >> 5;
    bost_duty = ((960 << 5) - (duty - (960 << 5))) >> 5;

    if(buc_duty < 50)                              //降压电路占空比最小值限幅
    {
        buc_duty = 50;
    }
    if(buc_duty > 960)                             //降压电路占空比最大值限幅
    {
        buc_duty = 960;
    }
    if(bost_duty > 960)                            //升压电路占空比最大值限幅
    {
        bost_duty = 960;
    }
    if(bost_duty < 200)                            //升压电路占空比最大值限幅
    {
        bost_duty = 200;
    }
}
    Duty[0] = bost_duty;
    Duty[1] = buc_duty;
    PWM_SET_CCR3(Duty[0] * (PWM_ARR + 1)/1000,Duty[1] * (PWM_ARR
+ 1)/1000,Duty[2] * (PWM_ARR + 1)/1000);
}
```

在电子负载恒流模式下,由式(8-2)可知,当电子负载输入端电流设定值"Set_curr"大于输入电流"curr_in"时,增大升降压电路的电压增益,使电子负载中电阻两端的电压增大,从而增大电子负载输入端的电流"curr_in"。当电子负载输入端电流设定值"Set_curr"小于输入电流"curr_in"时,减小升降压电路的电压增益,使电子负载中电阻两端的电压减小,从而减小电子负载输入端的电流"curr_in"。

恒流型电子负载实验程序流程图如图 8-3 所示。

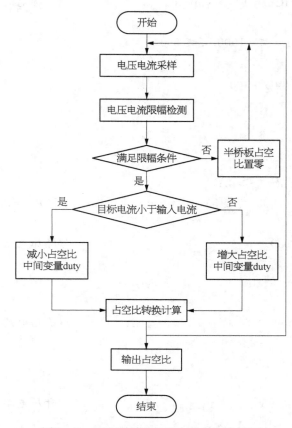

图 8-3 恒流型电子负载实验程序流程图

4) 恒阻型电子负载控制程序

```
void APK_CRCtrl(void)
{
s32 set_volt;                              //设定电压
s32 volt_in;                               //输入电压
s32 volt_out;                              //输出电压
s32 curr_in;                               //输入电流
s32 curr_out;                              //输出电流
s32 set_curr;                              //设定电流
s32 setR;                                  //设定阻值
static s32 buc_duty;                       //降压电路占空比
static s32 bost_duty;                      //升压电路占空比
static s32 duty;                           //升降压电路占空比中间变量
static s32 TargVolt;                       //电子负载输入端目标电压

APK_VoltCurrCalc();
```

```
curr_in = abs(APK_Mean2(Curr[1],0));
TargVolt = curr_in * SetR/1000;                 //负载端稳压目标值计算
set_curr = 5000;
volt_out = APK_Mean3(VoltL[2],0);
curr_out = APK_Mean4(Curr[2],0);
volt_in = APK_Mean1(VoltL[1],0);
if(RunState == 0)                               //开关保护
    {
        duty = 5;
    }
    else
{
    if(curr_out > set_curr || volt_out > 65000 )   //限幅保护
    {
        duty=0;
        PWM_TIM->CCR3=0;
    }
    else
    {
        if(TargVolt > volt_in)                  //目标电压大于输入电压
        {
            if(duty > (50 << 5))
            {
                duty--;
            }
        }
        else if(TargVolt < volt_in)             //目标电压小于输入电压
        {
            if(duty < (1900 << 5))
            {
                duty++;
            }
        }
    }

    buc_duty = duty >> 5;
    bost_duty = ((960 << 5) - (duty - (960 << 5))) >> 5;

    if(buc_duty <50)                            //降压电路占空比最小值限幅
        {
        buc_duty = 50;
```

```
        }
        if(buc_duty >960)                          //降压电路占空比最大值限幅
        {
            buc_duty =960;
        }
        if(bost_duty > 960)                         //升压电路占空比最大值限幅
        {
            bost_duty=960;
        }
        if(bost_duty < 200)                         //升压电路占空比最大值限幅
        {
            bost_duty = 200;
        }
    }
    Duty[0] = bost_duty;
    Duty[1] = buc_duty;
    PWM_SET_CCR3(Duty[0] * (PWM_ARR + 1)/1000,Duty[1] * (PWM_ARR
+ 1)/1000,Duty[2] * (PWM_ARR + 1)/1000);
}
```

在电子负载恒阻模式下,最终是通过调节电压增益实现阻值恒定的。因此需要通过"TargVolt = curr_in * SetR/1000"将电阻的设定值转换为目标电压,其中"SetR"可以通过显示屏在线调节,"curr_in"是电子负载输入端的电流,由开发板 AD 通道采集得到。

由式(8-2)可知,当目标电压"TargVolt"大于电子负载输入端的电压"volt_in"时,相当于等效电阻 R_{adj} 增大,输入电压 U_i 减小,为维持 R_{adj} 不变,相应的应减小升降压电路的电压增益,使电子负载中电阻 R_1 两端的电压减小。当目标电压"TargVolt"小于电子负载输入端的电压"volt_in"时,则应增大升降压电路的电压增益,使电子负载中电阻 R_1 两端的电压增大。

恒阻型电子负载实验程序流程图如图 8-4 所示。

5) 恒功率型电子负载控制程序

```
void APK_CPCtrl(void)
{
s32 set_volt;                                  //设定电压
s32 volt_in;                                   //输入电压
s32 volt_out;                                  //输出电压
s32 curr_in;                                   //输入电流
s32 curr_out;                                  //输出电流
s32 set_curr;                                  //设定电流
s32 setP;                                      //设定功率
static s32 buc_duty;                           //降压电路占空比
static s32 bost_duty;                          //升压电路占空比
static s32 duty;                               //升降压电路占空比中间变量
```

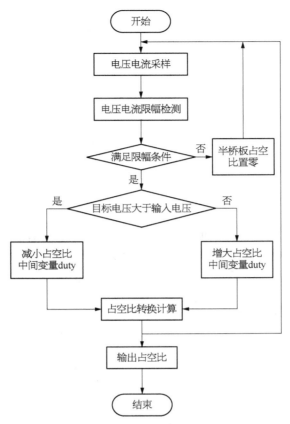

图 8 - 4 恒阻型电子负载实验程序流程图

```
static s32 TargVolt;                                    //电子负载输入端目标电压

APK_VoltCurrCalc();
curr_in = abs(APK_Mean2(Curr[1],0));
TargVolt = SetP/1000/curr_in;                           //负载端稳压目标值计算
set_curr = 5000;
volt_out = APK_Mean3(VoltL[2],0);
curr_out = APK_Mean4(Curr[2],0);
volt_in = APK_Mean1(VoltL[1],0);
if(RunState == 0)                                       //开关保护
    {
        duty = 5;
    }
    else
{
    if(curr_out > set_curr || volt_out > 65000)         //限幅保护
    {
        duty=0;
```

```
                    PWM_TIM->CCR3=0;
    }
    else
    {
        if(TargVolt > volt_in)              //目标电压大于输入电压
        {
            if(duty > (50 << 5))
            {
                duty--;
            }
        }
        else if(TargVolt < volt_in)         //目标电压小于输入电压
        {
            if(duty < (1900 << 5))
            {
                duty++;
            }
        }
    }


    buc_duty = duty >> 5;
    bost_duty = ((960 << 5) - (duty - (960 << 5))) >> 5;

    if(buc_duty <50)                        //降压电路占空比最小值限幅
    {
        buc_duty = 50;
    }
    if(buc_duty >960)                       //降压电路占空比最大值限幅
    {
        buc_duty =960;
    }
    if(bost_duty > 960)                     //升压电路占空比最大值限幅
    {
        bost_duty=960;
    }
    if(bost_duty < 200)                     //升压电路占空比最大值限幅
    {
        bost_duty = 200;
    }
}

Duty[0] = bost_duty;
```

```
    Duty[1] = buc_duty;
    PWM_SET_CCR3(Duty[0] * (PWM_ARR + 1)/1000,Duty[1] * (PWM_ARR
+ 1)/1000,Duty[2] * (PWM_ARR + 1)/1000);
    }
```

在电子负载恒功率模式下,最终是通过调节电压增益实现功率恒定的。因此,需要通过 "TargVolt = SetP/1000/curr_in" 将功率的设定值转换为目标电压,其中 "SetP" 可以通过显示屏在线调节, "curr_in" 是电子负载输入端的电流,由开发板 AD 通道采集得到。

由式(8-2)可知,当目标电压 "TargVolt" 大于电子负载输入端的电压 "volt_in" 时,相当于实际功率减小、输入电压 U_i 减小,为维持功率不变,相应的应减小升降压电路的电压增益,使电子负载中电阻 R_1 两端的电压减小。当目标电压 "TargVolt" 小于电子负载输入端的电压 "volt_in" 时,则应增大升降压电路的电压增益,使电子负载中电阻 R_1 两端的电压增大。

恒功率型电子负载实验程序流程图如图 8-5 所示。

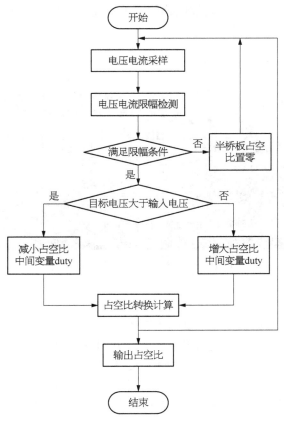

图 8-5　恒功率型电子负载实验程序流程图

8.3　直流电子负载实验过程

1) 实验要求

使用 X. Man 电力电子开发套件实现以下目标:

(1) 实现恒压、恒流、恒阻、恒功率四种电子负载模式。

(2) 输入电流范围 0~5 A。

(3) 转换效率 90% 以上。

2) 实验器材

(1) 核心开发板一块。

(2) 液晶显示屏一块。

(3) 通用半桥板两块。

(4) 功率分析仪一台。

(5) 直流稳压电源两台。

(6) 杜邦线若干。

3) 实验设备连接

直流电子负载实验接线如图 8-6 所示。直流稳压电源连接至升降压斩波电路的输入端，核心开发板的辅助电源由另一台直流稳压电源单独供电。直流稳压电源稳压范围为 0~60 V，恒流范围为 0~5 A。升降压斩波电路的输出端连接定值电阻 R_1，将升降压斩波电路与定值电阻合在一起作为电子负载。

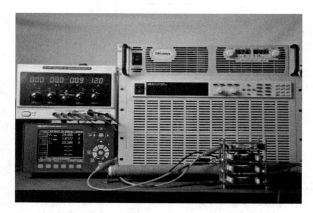

图 8-6 直流电子负载实验接线图

4) 实验步骤

在电子负载恒压模式下，使直流电源工作在恒流模式，电子负载的电压分别设定为 24 V、36 V 和 48 V，在不同电压等级下，直流电源的电流分别设定为 1 A、2.5 A 和 5 A，记录每种情况下的电子负载输入电压、输入电流、输入电阻和误差。

在电子负载恒流模式下，电子负载的电流分别设定为 1 A、2.5 A 和 5 A，在不同电流等级下，电压分别设定为 24 V、36 V 和 48 V，记录每种情况下的电子负载输入电压、输入电流、输入电阻和误差。

在电子负载恒阻模式下，直流稳压电源电压设定为 24 V 不变，电子负载电阻值分别设定为 4.8 Ω、9.6 Ω 和 24 Ω，记录每种情况下的电子负载输入电压、输入电流、输入电阻和误差。

在电子负载恒功率模式下，直流电源电压设定为 24 V 不变，电子负载功率值分别设定为 12 W、24 W 和 36 W，记录每种情况下的电子负载输入电压、输入电流、输入功率和误差；直流电源电流设定为 1 A 不变，电子负载功率值分别设定为 12 W、24 W 和 36 W，记录每种情况下的电子负载输入电压、输入电流、输入功率和误差。

5）界面设置

根据实验要求，需要在液晶显示屏菜单界面添加电子负载工作模式选择功能及其他相关变量。在 X. Man 电力电子开发套件配套的代码源文件目录中找到"api\debug. c"文件。在"debug. c"文件中找到用户添加菜单里面的变量数组"MENU_MEMBER VarMenu[ ]"，在其中添加想定义的参数。本实验中设置了如表 8-1 所示的菜单界面参数。

表 8-1　直流电子负载实验菜单界面参数

序号	名称	功　能
1	RunState	控制 PWM 开关输出
2	Mode	选择电子负载工作模式
3	Duty[0]	通用半桥板 1 的占空比
4	Duty[1]	通用半桥板 2 的占空比
5	SetR	恒阻模式电阻设定值
6	SetVoltL	恒压模式电压设定值
7	SetCurr	恒流模式电流设定值

本实验中，直流电子负载实验功率分析仪参数见表 8-2。

表 8-2　直流电子负载实验功率分析仪参数

序号	名称	功　能
1	U_1	电子负载输入电压
2	I_1	电子负载输入电流
3	U_2	电子负载输出电压

8.4　直流电子负载实验结果及分析

直流电子负载工作在恒压、恒流、恒阻和恒功率模式下的实验数据分别见表 8-3～表 8-6。

表 8-3　直流电子负载恒压模式实验数据

电流设定值/A	输入电压/V	输入电流/A	输入电阻/Ω	误差/%
24	24.037	1.022 6	23.506	0.154 166 667
24	24.036	2.500 7	9.612	0.15
24	24.02	5.012	4.792 8	0.083 333 333
36	36.049	1.025 3	35.16	0.136 111 111
36	36.052	2.014 7	17.894	0.144 444 444
36	36.037	5.013	7.188 1	0.102 777 778

表 8-4 直流电子负载恒流模式实验数据

电流设定值/A	输入电压/V	输入电流/A	输入电阻/Ω	误差/%
1	24.019	1.012 3	23.728	1.215 054 826
1	36.086	1.016 3	35.506	1.603 857 129
1	48.083	1.018 4	47.216	1.806 755 695
2.5	24.026	2.526 7	9.509	1.056 714 291
2.5	36.018	2.531 1	14.23	1.228 714 788
2.5	48.028	2.533 3	18.959	1.314 490 98
5	24.096	5.034	4.786 9	0.675 407 231
5	36.016	5.031	7.158 9	0.616 179 686
5	48.018	5.051	9.506	1.009 701 049

表 8-5 直流电子负载恒阻模式实验数据

电阻设定值/Ω	输入电压/V	输入电流/A	输入电阻/Ω	误差/%
24	24.057	1.000 4	24.044	0.183 333 333
9.6	24.092	2.500 7	9.634	0.354 166 667
4.8	24.032	4.983	4.822 6	0.470 833 333

表 8-6 直流电子负载恒功率模式实验数据

功率设定值/W	输入电压/V	输入电流/A	输入功率/W	误差/%
12	24.037	0.502	12.066	0.554 783
12	12.014	1.011	12.146	1.217 95
24	24.036	1.013	24.348	1.451 95
24	24.032	1.025 3	24.64	2.666 707
36	24.02	1.525	36.63	1.751 389
36	36.021	1.018	36.669	1.859 383

本章小结

本章介绍了使用 X. Man 电力电子开发套件进行直流电子负载实验的过程。

在电路构成方面,首先使用两块通用半桥板组成一个升降压斩波电路,然后使用一个大功率定值电阻 R_1 连接在升降压电路的输出端,定值电阻的一端接升降压电路的输出端(VL₂),另一端接地。将整个升降压电路和定值电阻看成一个直流电子负载,升降压电路的输入端即为直流电子负载的输入端。

本章的直流电子负载实验实现了四种模式,分别是恒压、恒流、恒阻和恒功率模式。恒压模式要求电子负载的输入电压保持恒定,不随输入电流的变化而变化;恒流模式要求电子负载的输入电流保持恒定,不随输入电压的变化而变化;恒阻模式要求电子负载的输入电阻保持恒定,不随输入电压或输入电流的变化而变化;恒功率模式则要求电子负载的输入功率保持恒定,不随输入电压或输入电流的变化而变化。

其中,直流电子负载的恒阻模式和恒功率模式实验的输入端可以是恒流源或恒压源,恒流模式的输入端必须连接恒压源,而恒压模式的输入端必须连接恒流源。

第 9 章

单相逆变电路

本章内容

本章将使用 X. Man 电力电子开发套件完成电压型单相无源逆变电路的设计。首先介绍单相逆变电路的拓扑和工作原理，其次介绍 PWM 调制技术，搭建单相逆变电路实验平台，分别使用单极性 PWM 调制技术和双极性 PWM 调制技术进行单相逆变电路实验，最后对其进行测试与数据分析。

本章要求

1. 掌握单相全桥逆变电路拓扑及其工作原理。

2. 了解单极性 SPWM 调制方式与双极性 SPWM 调制方式。

3. 使用 X. Man 电力电子开发套件制作一个高精度、高效率的单相逆变电路。

4. 分析比较单极性 SPWM 调制方式与双极性 SPWM 调制方式的优劣。

9.1 单相逆变电路理论分析

逆变电路是把直流电变成交流电的电路。根据交流侧的负载情况可将其分为有源逆变电路和无源逆变电路；当交流侧连接电源时称为有源逆变，当交流侧只连接负载时称为无源逆变。逆变电路根据直流侧的电源性质可分为电压型逆变电路和电流型逆变电路；当直流侧为电压源输入则称为电压型逆变电路，当直流侧为电流源输入则称为电流型逆变电路。本章以无源电压型逆变电路为例进行讲解。

电压型逆变电路有以下主要特点：

（1）直流侧为电压源，或者并联有大电容，相当于电压源。直流侧电压基本无脉动，直流回路呈现低阻抗。

（2）由于直流电压源的钳位作用，交流侧输出电压波形为矩形波，并且与负载阻抗角无关。而交流侧输出电流波形和相位因负载阻抗情况的不同而不同。

（3）当交流侧为阻感负载时需要提供无功功率，直流侧电容起缓冲无功能量的作用。为了给交流侧向直流侧反馈的无功能量提供通道，逆变桥各桥臂都并联了续流二极管。

逆变电路主要考虑变频和变幅两个因素，变频是指交流侧电压频率可以随着设定值的变化而变化，变幅是指交流侧电压的幅值可以随着设定值的变化而变化。衡量交流信号质量的一个重要指标是总谐波失真率（total harmonic distortion，THD），指信号中谐波成分与实际信号的对比，用百分比表示。

逆变电路的应用十分广泛。当前，新能源技术发展迅速，风力发电、太阳能发电等新能源发电的储能环节一般都是直流电，而电网传输的电能则以交流电的方式进行。因此，逆变电路就起到了不可或缺的作用，如何提高逆变电路的效率，如何改善交流侧的 THD 也显得尤为关键。

单相逆变电路从拓扑上可以分为半桥逆变电路和全桥逆变电路。

9.1.1 半桥逆变电路

单相半桥电压型逆变电路的拓扑如图 9-1 所示，它有两个桥臂，每个桥臂由一个可控器件和一个反向并联的续流二极管组成。在直流侧接有两个相互串联的大电容，两个电容的联结点为直流电源的中点。负载连接在直流电源中点和两个桥臂联结点之间。

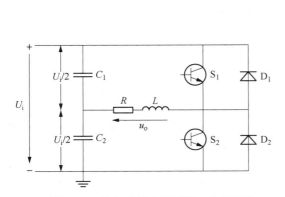

图 9-1 单相半桥电压型逆变电路拓扑

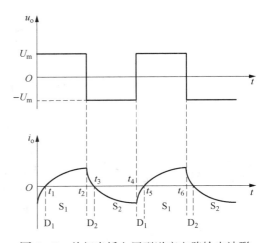

图 9-2 单相半桥电压型逆变电路输出波形

设开关器件 S_1 和 S_2 的栅极信号在一个周期内各有半周期正向偏置,半周期反向偏置,且两者互补。输出电压 u_o 为矩形波,其幅值为 $U_i/2$;输出电流 i_o 波形随负载情况而异。当负载为感性时,其输出波形如图 9-2 所示。设 t_1 时刻 S_1 为通态,S_2 为断态,电容 C_1 向负载供电。t_2 时刻给 S_1 关断信号,给 S_2 开通信号,则 S_1 关断,但感性负载中的电流 i_o 不能立即改变方向,S_2 并未导通,通过 D_2 导通续流。在 t_3 时刻 i_o 降为零时,D_2 截止,S_2 导通,i_o 开始反向。同样,在 t_4 时刻给 S_2 关断信号,给 S_1 开通信号,S_2 关断,D_1 导通续流,t_5 时刻 S_1 开通,完成一个循环周期。

当 S_1 或 D_2 为通态时,负载电流和电压同方向,直流侧向负载提供能量;而当 S_2 或 D_1 为通态时,负载电流和电压反向,负载电感中储存的能量向直流侧反馈,即负载电感将其吸收的无功能量反馈回直流侧。反馈回的能量暂时储存在直流侧电容器中,直流侧电容器起着缓冲这种无功能量的作用。因为二极管 D_1、D_2 是负载向直流侧反馈能量的通道,故称为反馈二极管;又因为 D_1、D_2 起着使负载电流连续的作用,因此又称为续流二极管。

半桥逆变电路的优点是电路拓扑简单,使用器件少。其缺点是输出交流电压的幅值为 $U_i/2$,且直流侧需要两个电容器串联,工作时需要控制两个电容器电压的均衡。因此,半桥逆变电路常用于几千瓦以下的小功率逆变电路。

这里需要注意的是,单相全桥逆变电路、三相全桥逆变电路都可以看成由若干个半桥逆变电路组合而成。在充分理解半桥逆变电路的基础上,结合 X. Man 电力电子开发套件的通用半桥板,可以优化逆变电路相关的实验结果。

9.1.2 全桥逆变电路

单相全桥逆变电路的拓扑如图 9-3 所示。图中 S_1、S_2、S_3、S_4 是桥式电路的 4 个桥臂,它们由全控型器件和续流二极管等元器件组成。当开关 S_1、S_4 闭合,S_2、S_3 断开时,负载电压 u_o 为正;当开关 S_1、S_4 断开,S_2、S_3 闭合时,负载电压 u_o 为负。这样,就把直流电变成交流电。改变两组开关的切换频率,即可改变输出交流电的频率。这就是全桥逆变电路的工作原理。

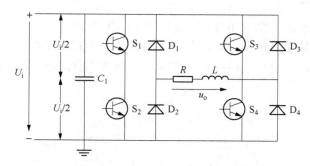

图 9-3 单相全桥逆变电路拓扑

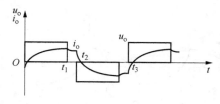

图 9-4 单相全桥逆变电路输出电流波形

当负载为电阻时,负载电流 i_o 和电压 u_o 的波形形状相同,相位也相同。当负载为阻感时,i_o 相位滞后于 u_o,两者波形的形状也不同。单相全桥逆变电路输出电流波形如图 9-4 所示。图 9-4 是阻感负载时的 i_o 波形。设 t_1 时刻以前 S_1、S_4 导通,u_o 和 i_o 均为正。在 t_1 时刻断开 S_1、S_4,同时闭合 S_2、S_3,则 u_o 的极性立刻变为负。但是,因为负载中有电感,其电流方向不能立刻改变而仍维持原方向。这时负载电流从直流电源负极流出,经过 S₂、负载和 S₃ 流回正极,负载电感中储存的能量向直流电源反馈,负载电流逐渐减小,到 t_2 时刻降为零,之后 i_o 反向并逐渐增大。S₂、S₃ 断开,S₁、S₄ 闭合时的情况类似。以上是 S₁、S₂、S₃、S₄ 均为理想开关时的分析,实际电路由于损耗和压降的存在,工作过程将更为复杂。

使用 X. Man 电力电子开发套件进行单相电压型全桥逆变电路拓扑实验的电路结构如图 9-5 所示。单相全桥逆变电路的搭建需要使用两块通用半桥板。将两块通用半桥板的 VH 端并联作为输入端,连接直流稳压电源,VL 端作为输出端连接交流负载。

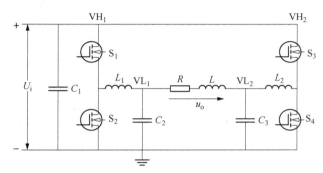

图 9-5　基于 X. Man 电力电子开发套件的单相电压型全桥逆变电路拓扑

9.2　单相逆变电路实验程序分析

1）通用程序

//加载头文件
＃include "includes. h"

//全局变量
＃define ApkTaskWait ( )　　　｛APK_Common ( ) ; TASK_Wait ( ) ; TASK_SetTimer (10) ; ｝
＃define APK_FUN_ARG_LEN(10)　　　//函数参数个数最大值

s32 PwmFreq,Duty[PWM_PHASE_NUM],PwmDead,RunState,LcdBkLight;
s32 DacSetValue[DAC_CH_NUM];
s32 AdcRawData[ADC_CH_NUM];
s32 TaskTimeSec;

s32 VoltL[PWM_PHASE_NUM];　　　//半桥中点电压(mV)
s32 AC_VoltL[PWM_PHASE_NUM];　　　//交流相电压

s32 Curr[PWM_PHASE_NUM];　　　//半桥中点电流(mA)
s32 AC_Curr[PWM_PHASE_NUM];　　　//交流相电流

```
s32 K_VoltL[PWM_PHASE_NUM];                    //半桥中点电压系数
s32 K_Curr[PWM_PHASE_NUM];                     //半桥中点电流系数
s32 B_Curr[PWM_PHASE_NUM];                     //半桥中点电流偏置

s32 SetVoltL[PWM_PHASE_NUM];                   //设定半桥中点电压系数
s32 SetCurr[PWM_PHASE_NUM];                    //设定半桥中点电流系数
s32 SIN_TABLE_LEN = 200;
s32 SinTable[6000];                            //正弦表
s32 Set_Urms;                                  //交流电压有效值设定值
s32 Amp;                                       //交流电压幅值参数
s32 SetFreq = 100;                             //交流频率设定值

void ( * ptrApkTask)(void);                    //任务指针
void ( * ptrApkTaskPre)(void);                 //任务指针

void APK_Jump(void ( * apk_fun)(void));
void APK_Jump2Pre(void);
void APK_Common(void);
void Apk_Main(void);
void APK_Ctrl(void);

//AD 采样计算程序
void APK_VoltCurrCalc(void)
{
    Curr[0] = (GET_AD_CH1_RAW_DATA - B_Curr[0]) * K_Curr[0]/1000;
    Curr[1] = (GET_AD_CH3_RAW_DATA - B_Curr[1]) * K_Curr[1]/1000;
    Curr[2] = (GET_AD_CH5_RAW_DATA - B_Curr[2]) * K_Curr[2]/1000;
    VoltL[0] = GET_AD_CH2_RAW_DATA * K_VoltL[0]/1000;
    VoltL[1] = GET_AD_CH4_RAW_DATA * K_VoltL[1]/1000;
    VoltL[2] = GET_AD_CH6_RAW_DATA * K_VoltL[2]/1000;
}
```

2）单极性 SPWM 调制

```
//正弦表初始化
void APK_SINTAB_Init()
{
    s32 i;
    for(i = 0;i < SIN_TABLE_LEN;i++)
    {
        SinTable[i]=(pow(fabs(sin(2 * 3.141592653 * i/SIN_TABLE_LEN)),
0.97)) * (1<<17);
```

```
        }
    }
```

查表法是计算 SPWM 调制的常用方法之一,即通过运算将按正弦变化的 PWM 占空比预先保存在一个数组中,程序运行后将数组中的数值循环输出。因此,在程序启动时需要通过"APK_SINTAB_Init( )"函数对正弦表进行计算。函数中"SIN_TABLE_LEN"表示正弦表的长度。

在单极性 SPWM 调制中,输出电压中点为零点,PWM 信号始终相对零点为正且在一个完整的正弦周期内各半桥板只需要工作半个周期,因此,通过"fabs( )"函数对计算的值取绝对值,使正弦表中的值始终为正。"pow(a,0.97)"函数表示 $a^{0.97}$,在这里起到限幅保护作用。"(1<<17)"表示将 1 左移 17 位,即 2^{17},其作用是放大正弦表精度。

```
//PWM 调制信号输出
if(index < SIN_TABLE_LEN － 1)
    {
        duty = (((( SinTable[index] * Amp)>>17) * (PWM_ARR + 1)) >> 11);
        if(index < SIN_TABLE_LEN/2)
        {
            PWM_TIM－>CCR3 = 0;
            PWM_TIM－>CCR2 = duty;
        Duty[0] = 0;
            Duty[1] = duty;
            urms += volt_a * volt_a;
    irms += curr_a * curr_a ;
        }
        else
        {
            PWM_TIM－>CCR2 = 0;
            PWM_TIM－>CCR3 = duty;
            Duty[1] = 0;
            Duty[0] = duty;
            urms += volt_b * volt_b;
            irms += curr_a * curr_a ;
        }
        index ++;
```

在程序中,第二路 PWM 信号控制逆变电路的第一块半桥板,第三路 PWM 信号控制逆变电路的第二块半桥板。

首先需要将正弦表中的值赋给占空比参数"duty",参数"Amp"控制正弦信号的幅值,乘以"(PWM_ARR+1)"表示半个周期内的 PWM 占空比可使用核心开发板全部的 PWM 占空比范围,这是因为单极性 PWM 调制的电压中点为零点。这里需要注意的是参数"Amp"存在最大值,即 SPWM 占空比的最大值不能超过核心开发板输出 PWM 信号的最大范围。

当程序运行在正弦表周期的前半周期时,根据单极性 SPWM 调制的原理,第三路 PWM 信号为 0,第二路 PWM 信号按正弦表内的数值依次输出;当程序运行在正弦表周期的后半周期时,第二路 PWM 信号为 0,第三路 PWM 信号按正弦表内的数值依次输出。

```
//计算输出电压和输出电流的有效值
AC_VoltL[2] = APK_sqrt_fast(urms/(SIN_TABLE_LEN));
AC_Curr[2] = APK_sqrt_fast(irms/(SIN_TABLE_LEN));
```

输出电压和输出电流有效值分别计算:

$$U_{rms} = \sqrt{\frac{\sum\limits_{index=0}^{length} volt_{index}^2}{length}} \tag{9-1}$$

$$I_{rms} = \sqrt{\frac{\sum\limits_{index=0}^{length} curr_{index}^2}{length}} \tag{9-2}$$

式中,U_{rms} 为电压有效值;I_{rms} 为电流有效值;$volt$ 为每个程序周期的电压采样值;$curr$ 为每个程序周期的电流采样值;$length$ 为正弦表长度。

在 PWM 调制信号输出的程序中已经对离散的电压值和电流值进行了平方和运算,因此在这里只需要对累加后的"U_{rms}"和"I_{rms}"取平均并通过"APK_sqrt_fast( )"函数开方即可求出输出电压和输出电流的均方根值,也就是输出电压和输出电流的有效值。

```
//输出电压有效值闭环控制
if(Set_Urms < AC_VoltL[2])
    {
        if(Amp > 1<<5)
        {
            Amp -= 5;
        }
    }
    else if(Set_Urms > AC_VoltL[2])
    {
        if(Amp < 1900)
        {
            Amp += 5 ;
        }
    }
```

电压控制算法通过设定电压的有效值"Set_Urms"与电压采样值"AC_VoltL[2]"进行比较,通过加减参数"Amp"调节幅值,从而实现闭环控制。

```
//输出电压频率开环控制
void changeFun_SetFreq(void)
{
```

```
SIN_TABLE_LEN = (float)PwmFreq/(float)(SetFreq * 5);
APK_SINTAB_Init();
}
```

改变输出电压频率可通过函数"changeFun_SetFreq( )"实现,其原理是改变正弦表的长度以改变频率。正弦表长度越大,频率越低;正弦表长度越小,频率越高。

3) 双极性 SPWM 调制

```
//正弦表初始化
void APK_SINTAB_Init()
{
    s32 i;
    for(i = 0;i < SIN_TABLE_LEN;i++)
    {
    SinTable[i] = ((i < SIN_TABLE_LEN/2) ? (1) : (−1)) * (pow(fabs(sin(2 *
3.141592653 * i/SIN_TABLE_LEN)),0.97)) * (1<<17);
    }
    SinIndexA = 0;
    SinIndexB = SIN_TABLE_LEN/2;
}
```

双极性 SPWM 调制的正弦表与单极性 SPWM 调制的正弦表不同,双极性 SPWM 的调制信号需要完整周期的正弦变化,因此正半周期为正,负半周期为负。并且两个半桥板的调制信号存在 180°的相位差,即设半桥板 A 的初始相位"SinIndexA"为 0,半桥板 B 的初始相位为"SIN_TABLE_LEN/2"。

```
//PWM 调制信号输出
    Duty[0] = (((((SinTable[SinIndexA] * Amp)>>17) * ((PWM_ARR + 1) >>
1)) >> 11) + ((PWM_ARR + 1) >> 1);
    Duty[1] = (((((SinTable[SinIndexB] * Amp)>>17) * ((PWM_ARR + 1) >>
1)) >> 11) + ((PWM_ARR + 1) >> 1);
```

双极性 SPWM 调制的电压中点通常为母线电压的一半,因此在 PWM 输出时需要整体提高 PWM 最大值的一半,即"+((PWM_ARR+1)>>1)"。除此之外,在正弦信号的前半个周期,PWM 的值只能在 PWM 中点到 PWM 的最大值之间,后半个周期,PWM 的值只能在零点到 PWM 中点之间。因此,正弦表中的值需要"*((PWM_ARR + 1)>>1)",使正弦表的前半个周期在 PWM 中值之上运行,正弦表的后半个周期在 PWM 中值之下运行。

```
//计算输出电压和输出电流的有效值
urms +=(volt_a − volt_b) * (volt_a −volt_b);
irms += (curr_a − imean) * (curr_a − imean);
AC_VoltL[2] = APK_sqrt_fast(urms/(SIN_TABLE_LEN−2));
AC_Curr[2] = APK_sqrt_fast(irms/(SIN_TABLE_LEN−2));
```

由于双极性 SPWM 调制的两路 PWM 同时按照正弦表中的数值输出,所以输出电压瞬时值和输出电流瞬时值为两个半桥板的输出电压和输出电流相减。和单极性 SPWM 调制相同,求得一个周期内输出电压和输出电流的均方根值即为输出电压的有效值和输出电流的有效值。

　　双极性 SPWM 调制的输出电压有效值闭环控制和输出电压频率控制算法与单极性 SPWM 调制相同,在此不过多叙述。

　　单相逆变电路实验程序流程图如图 9 - 6 所示。

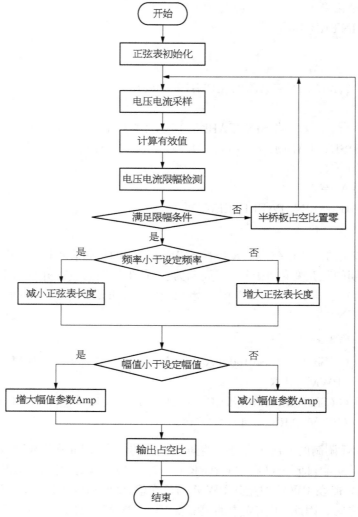

图 9 - 6　单相逆变电路实验程序流程图

9.3　单相逆变电路实验过程

　　1) 实验要求

　　使用 X. Man 电力电子开发套件实现以下目标:

　　(1) 输入电压为 30 V 直流,开关频率 50 kHz。

（2）输出电压有效值为 0~16 V 可调。

（3）输出电压的频率为 10~100 Hz 可调。

（4）单相逆变电路空载和带电阻负载 3 A 有效值输出时，电压的 THD 小于 0.5%。

（5）测试输出电流为 3 A 有效值时，输出电压为 8 V 有效值和 16 V 有效值时的效率和 THD。

2）实验器材

（1）核心开发板一块。

（2）液晶显示屏一块。

（3）通用半桥板两块。

（4）功率分析仪一台。

（5）数字示波器一台。

（6）直流稳压电源两台。

（7）滑动变阻器一个。

（8）杜邦线若干。

3）实验设备连接

单相逆变电路实验接线如图 9 - 7 所示。直流稳压电源连接两块通用半桥板的 VH_1、VH_2 端，作为输入端；两块通用半桥板的 VL_1、VL_2 端连接滑动变阻器，作为输出端；核心开发板输出 4 路 PWM 控制信号，对应两块半桥板的四个管子。另外，采用功率分析仪和示波器记录数据。为了提高效率，核心开发板采用独立电源供电。注意：PWM 控制信号必须添加死区时间。

图 9 - 7 单相逆变电路实验接线图

4）交流采样电路校准

在直流电源实验部分完成了对直流采样电路的校准。而在进行交流实验之前，仍需要在交流环境下重新校准采样电路。

在校准交流采样电路前，需要对电压等级和电流等级进行评估，在接下来的实验中，规定输出交流电压有效值不超过 24 V，交流电流有效值不超过 2.5 A。因此，为了满足交流电压最大值和交流电流最大值不超过量程，将电压采样电路的量程设置为 0~60 V，电流采样电路的量程设置为 -5~5 A。在带载情况下针对交流电压的有效值和交流电流的有效值进行校准，具体校准方式详见 4.2 节和 4.3 节。

注意:在直流实验中所使用的滑窗滤波器不适用于交流实验。

5）**实验步骤**

（1）频率开环实验,将直流稳压电源设定为 30 V 并输出,输出电压有效值设定 U_{2rms} 设置为 16 V,将频率先后设置在 10 Hz、20 Hz、50 Hz、80 Hz 和 100 Hz,分别观察输出电压的有效值是否恒定为 16 V 并记录功率分析仪上显示的数据。

（2）将输出电压有效值设定为 24 V,测试空载和带电阻负载 3 A 有效值输出时的输出电压 THD 大小。

（3）在输出电流为 3 A 有效值时,分别测试输出电压有效值为 8 V 和 16 V 时的效率和输出电压 THD 大小。

（4）使用单极性 SPWM 调制方式和双极性 SPWM 调制方式重复执行以上三步。

6）**界面设置**

根据实验要求,需要在液晶显示屏菜单界面添加输出电压有效值的设定值"Set_Urms"变量及其他相关参数,便于软件在线调参。在 X. Man 电力电子开发套件配套的代码源文件目录中找到"api\debug. c"文件。在"debug. c"文件中找到用户添加菜单里面的变量数组"MENU_MEMBER VarMenu[ ]",在其中添加想定义的参数。本实验中设置了如表 9 - 1 所示的菜单界面参数。

表 9 - 1 单相逆变电路实验菜单界面参数

序号	名称	功　能
1	RunState	控制 PWM 开关输出
2	Duty[0]	通用半桥板 1 的占空比
3	Duty[1]	通用半桥板 2 的占空比
4	SetFreq	频率设定值
5	Set_Urms	输出电压有效值的设定值
6	Amp	输出电压幅值参数
7	VlotA	电压采样值
8	CurrentA	电流采样值

本实验中,单项逆变电路实验功率分析仪参数见表 9 - 2。

表 9 - 2 单相逆变电路实验功率分析仪参数

序号	名称	功　能
1	U_1	直流稳压电源输入电压
2	I_1	直流稳压电源输入电流
3	U_{2rms}	逆变电路输出电压有效值
4	I_{2rms}	逆变电路输出电流有效值
5	U_{2thd}	逆变电路输出电压 THD

（续表）

序号	名称	功　能
6	P_1	直流稳压电源输入功率
7	P_2	逆变电路输出功率
8	η	电路转换效率

9.4　单相逆变电路实验结果及分析

1) 数据分析

单相逆变电路实验的单极性 SPWM 调制数据和双极性 SPWM 调制数据分别见表 9-3、表 9-4,测量所得的波形分别如图 9-8、图 9-9 所示。

表 9-3　单相逆变电路实验单极性 SPWM 调制数据

输入电压/V	输出电压/V	输出电压设定值/V	输出电压有效值/V	输出电压误差/%	输出电流有效值/A
30.137	1.0879	8	8.005	0.0625	3.082
29.972	2.0641	16	16.008	0.05	2.9598

频率/Hz	输入功率/W	输出功率/W	THD/%	效率/%	
50	25.632	24.667	2.24	93.94	
50	48.711	46.738	1.65	96.48	

表 9-4　单相逆变电路实验双极性 SPWM 调制数据

输入电压/V	输出电压/V	输出电压设定值/V	输出电压有效值/V	输出电压误差/%	输出电流有效值/A
30.108	1.0466	8	7.883	1.4625	3.059
29.972	2.0741	16	15.958	0.2625	3.044

频率/Hz	输入功率/W	输出功率/W	THD/%	效率/%	
50	25.063	24.08	1.87	92.78	
50	50.344	48.711	1.37	96.11	

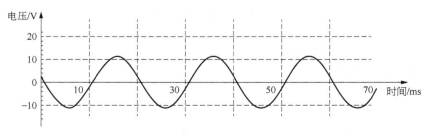

（a）单相逆变电路输出线电压

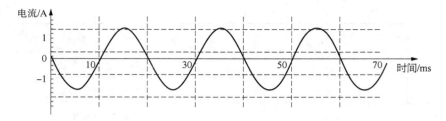

（b）单相逆变电路输出线电流

图 9 - 8 单相逆变电路实验单极性 SPWM 调制波形图

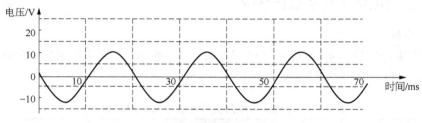

（a）单相逆变电路输出线电压

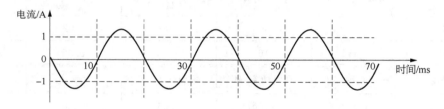

（b）单相逆变电路输出线电流

图 9 - 9 单相逆变电路实验双极性 SPWM 调制波形图

根据实验数据可以得到以下结论：

（1）在频率、输入电压、输出电压有效值和输出电流有效值相同的情况下，单极性 SPWM 调制的效率较高。单极性 SPWM 调制的效率较高原因在于单极性 SPWM 调制的开关管损耗较小，因为单极性 SPWM 调制始终只对一块通用半桥板输出 SPWM 信号，而对另一块通用半桥板的输出信号始终为 0，而双极性 SPWM 是同时对两块通用半桥板输出 SPWM 信号。

（2）在频率、输入电压、输出电压有效值和输出电流有效值相同的情况下，单极性 SPWM 调制的 THD 较高。单极性 SPWM 调制的 THD 较高原因在于每块半桥板只在半个正弦周期内受到 SPWM 信号的控制，因此，在每个周期中会存在一次信号突变，而信号突变会引起信号的波动，从而增加输出信号的谐波分量。

2）实验数据指标达成

根据数据分析的结果可知，本实验最终完成以下主要指标：

（1）输出线电压有效值误差均小于 ± 0.15 V。

（2）逆变电路转换效率均大于 96%。

（3）输出线电压 THD 小于 2%。

本章小结

本章介绍了单相逆变电路的两种拓扑，半桥逆变电路和全桥逆变电路。其中，半桥逆变电路作为学习逆变电路的基础知识,继而使用两块通用半桥板完成了单相逆变电路实验。通用半桥板的 VH 端并联作为输入端接入直流侧的直流稳压电源,VL 端作为输出端连接电阻负载。本章使用计算法作为 PWM 控制算法,分别采用单极性 PWM 调制和双极性 PWM 调制进行了单相逆变电路的实验。通过实验数据分析发现,单极性 PWM 调制的变换器转换效率更高,双极性 PWM 调制的谐波畸变率更小。综合实验数据,后续章节的三相逆变实验将采用谐波畸变率更小的双极性 PWM 调制作为 PWM 控制算法。本章竞赛真题将在第 10 章三相逆变电路讲解完毕后给出。

第 10 章

三相逆变电路

∧

本章内容 ————

　　本章将使用 X. Man 电力电子开发套件完成采用双极性 SPWM 调制的三相逆变电路的设计。首先介绍三相逆变电路的拓扑和工作原理,其次搭建三相逆变电路实验平台,最后对其进行测试与数据分析。

本章要求 ————

　　1. 掌握三相逆变电路拓扑及其工作原理。
　　2. 使用 X. Man 电力电子开发套件制作一个高精度、高效率的三相逆变电路。

10.1　三相逆变电路理论分析

三相逆变电路是一种将直流电转换为三相交流电的 DC-AC 变换电路,其应用场景非常广泛。在电网传输电能之前,需要使用三相逆变电路将直流电逆变成满足电网传输要求(220 V、50 Hz)的交流电。三相逆变电路的功率因数、THD 和转换效率等都是衡量其性能的重要参考指标。在之后的章节中将对如何提升三相逆变电路的性能做进一步的探讨。

在三相逆变电路中,应用最广泛的是电压型三相桥式逆变电路。用三个通用半桥板可以组合成一个三相逆变电路,基于 X.Man 电力电子开发套件的三相逆变电路拓扑如图 10-1 所示。

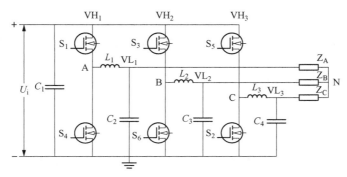

图 10-1　基于 X.Man 电力电子开发套件的三相逆变电路拓扑

电压型三相桥式逆变电路的基本工作方式和单相半桥、全桥逆变电路类似,也是 180°导电方式,即每个桥臂的导电角度为 180°,同一相(即同一半桥)上下两个桥臂交替导电,各相开始导电的角度依次相差 120°。在任一瞬间将有三个桥臂同时导通。每次换流都是在同一相上下两个桥臂之间进行的,因此这种换流方式也被称为纵向换流。在一个周期内,六个开关管的导通顺序为 $S_1 S_2 S_3$、$S_2 S_3 S_4$、$S_3 S_4 S_5$、$S_4 S_5 S_6$、$S_5 S_6 S_1$、$S_6 S_1 S_2$,每种状态持续 60°导电角度。

交流电压与交流电流的有效值计算如下:

$$U_{rms} = \frac{U_m}{\sqrt{2}} \tag{10-1}$$

$$I_{rms} = \frac{I_m}{\sqrt{2}} \tag{10-2}$$

式中,U_m、I_m 为最大值。在实际程序中,采样信号呈离散状态,难以准确获得交流信号的最大值。因此在程序中通过计算一个周期内电压和电流均方根值的方式,获得交流电压和交流电流的有效值,即

$$U_{rms} = \sqrt{\frac{\sum_{i=0}^{T} U_i^2}{T}} \tag{10-3}$$

$$I_{rms} = \sqrt{\frac{\sum_{i=0}^{T} I_i^2}{T}} \tag{10-4}$$

10.2 三相逆变电路实验程序分析

```c
//加载头文件
#include "includes.h"

//全局变量
#define  ApkTaskWait()        {APK_Common();TASK_Wait();TASK_SetTimer
(10);}
#define APK_FUN_ARG_LEN      (10)              //函数参数个数最大值
#define PWM_AMP_MAX          (1900)

s32 PwmFreq,Duty[PWM_PHASE_NUM],PwmDead,RunState,LcdBkLight;
s32 DacSetValue[DAC_CH_NUM];
s32 AdcRawData[ADC_CH_NUM];
s32 TaskTimeSec;

s32 VoltL[PWM_PHASE_NUM];                      //半桥中点电压(mV)
s32 AC_VoltL[PWM_PHASE_NUM];                   //交流相电压
s32 Urms_Ave;                                  //三相线电压平均值
s32 Irms_Ave;                                  //三相线电流平均值
s32 Curr[PWM_PHASE_NUM];                       //半桥中点电流(mA)
s32 AC_Curr[PWM_PHASE_NUM];                    //交流相电流

s32 K_VoltL[PWM_PHASE_NUM];                    //半桥中点电压系数
s32 K_Curr[PWM_PHASE_NUM];                     //半桥中点电流系数
s32 B_Curr[PWM_PHASE_NUM];                     //半桥中点电流偏置
s32 SIN_TABLE_LEN = 501;                       //正弦表长度初始值(50 Hz)
s32 SinTable[6000];                            //正弦表
s32 Set_Urms;                                  //交流电压有效值设定值
s32 Amp;                                       //交流电压幅值参数
s32 SetFreq = 100;                             //交流频率设定值

s32 SinIndexA;                                 //A 相正弦表序号
s32 SinIndexB;                                 //B 相正弦表序号
s32 SinIndexC;                                 //C 相正弦表序号

void ( * ptrApkTask)(void);                    //任务指针
void ( * ptrApkTaskPre)(void);                 //任务指针

void APK_Jump(void ( * apk_fun)(void));
```

```
void APK_Jump2Pre(void);
void APK_Common(void);
void Apk_Main(void);
void APK_Ctrl(void);

//AD 采样计算程序
void APK_VoltCurrCalc(void)
{
    Curr[0] = (GET_AD_CH1_RAW_DATA - B_Curr[0]) * K_Curr[0]/1000;
    Curr[1] = (GET_AD_CH3_RAW_DATA - B_Curr[1]) * K_Curr[1]/1000;
    Curr[2] = (GET_AD_CH5_RAW_DATA - B_Curr[2]) * K_Curr[2]/1000;
    VoltL[0] = GET_AD_CH2_RAW_DATA * K_VoltL[0]/1000;
    VoltL[1] = GET_AD_CH4_RAW_DATA * K_VoltL[1]/1000;
    VoltL[2] = GET_AD_CH6_RAW_DATA * K_VoltL[2]/1000;
}

//闭环控制程序
void APK_Ctrl(void)
{
    s32 set_volt;                      //输出电压有效值设定值
    s32 volt_a;                        //A 相输出电压
    s32 volt_b;                        //B 相输出电压
    s32 volt_c;                        //C 相输出电压
    s32 set_curr;                      //输出电流有效值设定值
    s32 curr_a;                        //A 相输出电流
    s32 curr_b;                        //B 相输出电流
    s32 curr_c;                        //C 相输出电流
    s32 amp;                           //交流信号幅值
    static long long urms_ab;          //AB 相输出电压有效值
    static long long urms_ac;          //AC 相输出电压有效值
    static long long urms_bc;          //BC 相输出电压有效值
    static long long usum;             //单相电压均方和
    static long long irms_a;           //A 相电流有效值
    static long long irms_b;           //B 相电流有效值
    static long long irms_c;           //C 相电流有效值

    APK_VoltCurrCalc();                //电压电流采样值换算

    volt_a = VoltL[0];
    volt_b = VoltL[1];
    volt_c = VoltL[2];
```

```
    curr_a = Curr[0];
    curr_b = Curr[1];
    curr_c = Curr[2];

    urms_ab += (volt_a − volt_b) * (volt_a − volt_b);
    urms_ac += (volt_a − volt_c) * (volt_a − volt_c);
    urms_bc += (volt_b − volt_c) * (volt_b − volt_c);   //电压平方和计算

    irms_a += curr_a * curr_a;
    irms_b += curr_b * curr_b;
    irms_c += curr_c * curr_c;                           //电流平方和计算

//电压有效值计算
AC_VoltL[0] = APK_sqrt_fast(urms_ab/SIN_TABLE_LEN);
AC_VoltL[1] = APK_sqrt_fast(urms_ac/SIN_TABLE_LEN);
AC_VoltL[2] = APK_sqrt_fast(urms_bc/SIN_TABLE_LEN);

//三相电压有效值的平均值
Urms_Ave = (AC_VoltL[0] + AC_VoltL[1] + AC_VoltL[2])/3;

//电流有效值计算
AC_Curr[0] = APK_sqrt_fast(irms_a/SIN_TABLE_LEN);
AC_Curr[1] = APK_sqrt_fast(irms_b/SIN_TABLE_LEN);
AC_Curr[2] = APK_sqrt_fast(irms_c/SIN_TABLE_LEN);

//三相逆变电路输出有效值闭环控制
    if(SinIndexA < SIN_TABLE_LEN − 1)
    {
        SinIndexA++;
    }
    else
    {
        SinIndexA = 0;
        if(Set_Urms < Urms_Ave)                         //电压设定值小于三相电
压平均值
        {
            if(Amp > 1)
            {
                Amp−−;
            }
        }
```

```
            else if(Set_Urms > Urms_Ave)                    //电压设定值大于三相电压平
均值
            {
                if(Amp < 1900)
                {
                    Amp++;
                }
            }
        }
        if(SinIndexB < SIN_TABLE_LEN - 1)
        {
            SinIndexB++;
        }
        else
        {
            SinIndexB = 0;
        }
        if(SinIndexC < SIN_TABLE_LEN - 1)
        {
            SinIndexC++;
        }
        else
        {
            SinIndexC = 0;
        }
        if(RunState == 0)
        {
            Amp = 5;
        }
        Duty[0] = (((((SinTable[SinIndexA] * Amp) >> 17) * ((PWM_ARR + 1)
>> 1)) >> 11) + ((PWM_ARR + 1) >> 1);
        Duty[1] = (((((SinTable[SinIndexB] * Amp) >> 17) * ((PWM_ARR + 1)
>> 1)) >> 11) + ((PWM_ARR + 1) >> 1);
        Duty[2] = (((((SinTable[SinIndexC] * Amp) >> 17) * ((PWM_ARR + 1)
>> 1)) >> 11) + ((PWM_ARR + 1) >> 1);
        PWM_SET_CCR3(Duty[0],Duty[1],Duty[2]);
    }
```

通过设定电压的有效值"Set_Urms"与三相电压有效值的平均值"Urms_Ave"进行比较，完成三相逆变电路输出有效值闭环控制。当"Set_Urms"大于"Urms_Ave"时，增加有效值幅值参数"Amp"；当"Set_Urms"小于"Urms_Ave"时，减小有效值幅值参数"Amp"。

三相逆变电路实验程序流程图如图 10 - 2 所示。

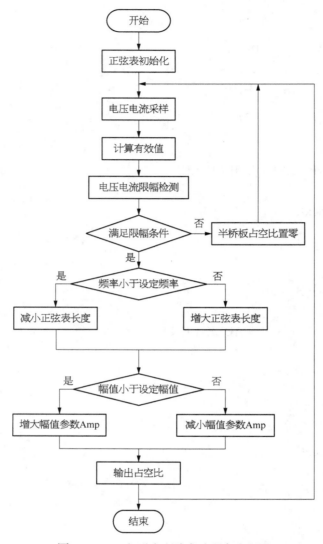

图 10 - 2 三相逆变电路实验程序流程图

10.3 三相逆变电路实验过程

1）实验要求

使用 X. Man 电力电子开发套件实现以下目标：

（1）输入电压为 50 V 直流，开关频率 50 kHz，输出电压频率 50 Hz。

（2）输出端连接星形接法的三相电阻负载。

（3）输出线电压有效值为 0~24 V 可调，误差小于±0.2 V。

（4）三相逆变电路空载和带电阻负载 3 A 有效值输出时，线电压的 THD 小于 0.5%。

2）实验器材

（1）核心开发板一块。

（2）液晶显示屏一块。

（3）通用半桥板三块。

（4）功率分析仪一台。

（5）数字示波器一台。

（6）直流稳压电源两台。

（7）三相电阻负载一个。

（8）杜邦线若干。

3）**实验设备连接**

三相逆变电路实验接线如图 10-3 所示。直流稳压电源连接三块通用半桥板的 VH 端（输入端）。三相电阻负载采用星形接法，连接在通用半桥板的 VL 端，作为输出端；采用功率分析仪和数字示波器记录数据。

图 10-3　三相逆变电路实验接线图

4）**实验步骤**

直流稳压电源输出电压设定为 50 V，三相逆变电路输出线电压有效值的设定值"Set_Urms"设置为 24 V，改变滑动变阻器的阻值，使线电流有效值分别为 0 A、1.5 A、3 A。记录上述 3 种情况下的三相逆变电路输入电压、输入电流、输入功率因数，A 相电压有效值、线电压误差、线电流有效值、线电压 THD 和输出功率因数。

5）**界面设置**

根据实验要求，需要在液晶显示屏菜单界面添加输出线电压有效值的设定值"Set_Urms"变量及其他相关参数，便于软件在线调参。在 X. Man 电力电子开发套件配套的代码源文件目录中找到"api\debug. c"文件。在"debug. c"文件中找到用户添加菜单里面的变量数组"MENU_MEMBER VarMenu[ ]"，在其中添加想定义的参数。本实验中设置了如表 10-1 所示的菜单界面参数。

表 10-1　三相逆变电路实验菜单界面参数

序号	名称	功　　能
1	RunState	控制 PWM 开关输出
2	Duty[0]	通用半桥板 1 的占空比
3	Duty[1]	通用半桥板 2 的占空比
4	Duty[2]	通用半桥板 3 的占空比

（续表）

序号	名称	功　能
5	SetFreq	频率设定值
6	Set_Urms	输出线电压有效值的设定值
7	Amp	输出线电压幅值参数
8	Urms_Ave	输出线电压有效值平均值
9	CurrA	A 相电流采样值

本实验中，三相逆变电路实验功率分析仪参数见表 10-2。

表 10-2　三相逆变电路实验功率分析仪参数

序号	名称	功　能
1	U_1	直流稳压电源输入电压
2	I_1	直流稳压电源输入电流
3	λ_1	直流稳压电源输入功率因数
4	U_{2rms}	逆变电路 A 相输出线电压有效值
5	I_{2rms}	逆变电路 A 相输出线电流有效值
6	U_{2thd}	逆变电路 A 相输出线电压 THD
7	λ_2	逆变电路 A 相输出功率因数

10.4　三相逆变电路实验结果及分析

1）数据分析

三相逆变电路实验数据见表 10-3。测量所得的空载和带载输出波形分别如图 10-4、图 10-5 所示。

表 10-3　三相逆变电路实验数据

输入电压/V	输入电流/A	输入功率因数	A 相电压有效值/V	A 相电压误差/V
50.006	38.94	0.997 96	24.099	<±0.2
49.65	2.574 8	0.983 52	24.077	<±0.2
49.847	1.296 3	0.998 25	24.101	<±0.2

A 相电流有效值/A	A 相电压 THD/%	A 相输出功率因数
0	0.94	0
3.04	1.22	0.869 86
1.499 8	1.25	0.867 79

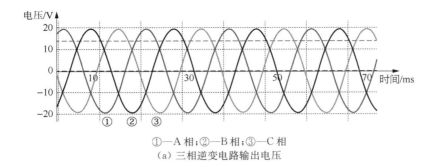

①—A 相；②—B 相；③—C 相
(a) 三相逆变电路输出电压

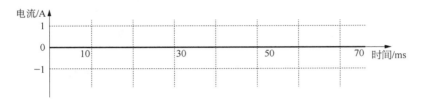

(b) 三相逆变电路输出 A 相线电流

图 10 - 4　三相逆变电路实验空载输出波形图(0 A)

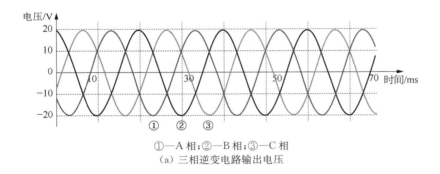

①—A 相；②—B 相；③—C 相
(a) 三相逆变电路输出电压

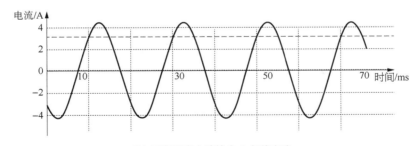

(b) 三相逆变电路输出 A 相线电流

图 10 - 5　三相逆变电路实验带载输出波形图(3 A)

2) 实验数据指标达成

根据数据分析的结果可知,本实验最终完成以下主要指标:

(1) 输出线电压有效值误差均小于±0.15 V。

(2) 逆变电路转换效率均大于 96%。

(3) 输出线电压 THD 小于 2%。

(4) 三相逆变电路给负载供电,负载线电流有效值在 0~3 A 间变化时,负载调整率为 0.008%。

10.5 全国大学生电子设计竞赛真题设计指标参考

2017 年全国大学生电子设计竞赛微电网模拟系统(A 题)中要求:

(1)逆变器 1 的转换效率大于等于 78%。

(2)交流母线电压总谐波率小于 3%。

(3)逆变器 1 给负载供电,负载线电流有效值在 0~2 A 间变化时,负载调整率 S_{I1} 小于等于 0.3%。

本章小结 ————

本章介绍了三相逆变电路的拓扑,继而使用三块通用半桥板完成了三相逆变电路实验。通用半桥板的 VH 端并联作为输入端接入直流侧的直流稳压电源,VL 端作为输出端连接三相电阻负载。本章实验采用双极性 SPWM 调制算法,三相逆变电路每相输出电压畸变率均小于 2%。

第 11 章

直流电源均流电路

本章内容

直流电源均流电路，即并联两个直流电源模块同时向负载供电。两个直流电源可实现恒流输出，并在母线电流不变的情况下，两电源的均流比可调。本章将介绍直流电源均流电路的工作原理，并使用 X. Man 电力电子开发套件完成直流电源均流电路实验。

本章要求

1. 掌握直流电源均流电路拓扑及其工作原理。
2. 使用 X. Man 电力电子开发套件制作一个高精度、高效率的直流电源均流电路。

11.1 直流电源均流电路理论分析

随着现代电力电子技术的发展,更多大功率用电设备的出现提升了对大容量电源的需求,电源的容量越大,其安全性就将面临更大的考验。目前,在一些场合单台大容量电源的技术尚有不足,因此主要采用多个模块化电源对大功率负载进行供电,即并联多个电源同时为负载供电。在负载达到额定功率的情况下,每个支路按照一定的均流比恒压输出,这就是均流电路。均流电路可实现在满足大功率负载的输出条件下,将输出功率按比例分配到多个电源上,降低每个电源的容量需求,使电源的安全性得到保障。

直流电源均流电路需要使两块通用半桥板并联,每一块通用半桥板作为一个直流电源均流支路,基于 X. Man 电力电子开发套件的直流电源均流电路拓扑如图 11-1 所示。

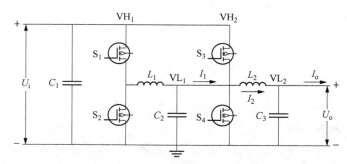

图 11-1 基于 X. Man 电力电子开发套件的直流电源均流电路拓扑

由于是并联输出结构,因此支路电压、电流与负载电压、电流在理想情况下满足以下关系式:

$$U_o = U_{i1} = U_{i2} \tag{11-1}$$

$$I_o = I_1 + I_2 \tag{11-2}$$

式中,U_o 为负载电压,VH_1 端为第一块通用半桥板的输入电压 U_{i1},VL_2 端为第二块通用半桥板的输入电压 U_{i2};I_o 为负载电流,I_1 为第一块通用半桥板的输出电流,I_2 为第二块通用半桥板的输出电流。

实际应用中,由于两块通用半桥板不可能完全对称,两路均流支路的导线电阻也不相同,因此,负载两端的电压 U_o 会小于两路电源的输出电压。

11.2 直流电源均流电路实验程序分析

```
//加载头文件
# include "includes. h"

//全局变量
# define  ApkTaskWait()      {APK_Common(); TASK_Wait(); TASK_SetTimer
(10);}
# define APK_FUN_ARG_LEN(10)              //函数参数个数最大值
```

```
s32 PwmFreq,Duty[PWM_PHASE_NUM],PwmDead,RunState,LcdBkLight;
s32 DacSetValue[DAC_CH_NUM];
s32 AdcRawData[ADC_CH_NUM];
s32 TaskTimeSec;

s32 VoltL[PWM_PHASE_NUM];                      //半桥中点电压(mV)
s32 Curr[PWM_PHASE_NUM];                       //半桥中点电流(mA)
s32 K_VoltL[PWM_PHASE_NUM];                    //半桥中点电压系数
s32 K_Curr[PWM_PHASE_NUM];                     //半桥中点电流系数
s32 B_Curr[PWM_PHASE_NUM];                     //半桥中点电流偏置

s32 SetVoltL[PWM_PHASE_NUM];                   //设定半桥中点电压系数
s32 SetCurr[PWM_PHASE_NUM];                    //设定半桥中点电流系数

void (*ptrApkTask)(void);                      //任务指针
void (*ptrApkTaskPre)(void);                   //任务指针

void APK_Jump(void (*apk_fun)(void));
void APK_Jump2Pre(void);
void APK_Common(void);
void Apk_Main(void);
void APK_Ctrl(void);

//AD采样计算程序
void APK_VoltCurrCalc(void)
{
    Curr[0] = (GET_AD_CH1_RAW_DATA - B_Curr[0]) * K_Curr[0]/1000;
    Curr[1] = (GET_AD_CH3_RAW_DATA - B_Curr[1]) * K_Curr[1]/1000;
    Curr[2] = (GET_AD_CH5_RAW_DATA - B_Curr[2]) * K_Curr[2]/1000;
    VoltL[0] = GET_AD_CH2_RAW_DATA * K_VoltL[0]/1000;
    VoltL[1] = GET_AD_CH4_RAW_DATA * K_VoltL[1]/1000;
    VoltL[2] = GET_AD_CH6_RAW_DATA * K_VoltL[2]/1000;
}

//稳压均流闭环控制函数
void APK_Ctrl(void)
{
s32 set_volt;                                  //输出电压设定值
s32 volt_in;                                   //输入电压
s32 volt1_out;                                 //支路电源1输出电压
s32 volt2_out;                                 //支路电源2输出电压
```

```
        s32 avevolt_out;                                //两路电源输出电压平均值
        s32 curr1;                                      //支路电源 1 输出电流
        s32 curr2;                                      //支路电源 2 输出电流
        s32 currall;                                    //输出总电流
        s32 set_curr;                                   //设定负载电流
        s32 CurSharePro;                                //电流均流比
        static s32 duty1;                               //支路电源 1 占空比
        static s32 duty2;                               //支路电源 2 占空比
        CurSharePro;                                    //均流比
            APK_VoltCurrCalc();                         //电压电流采样值计算
            set_volt = SetVoltL[2];
            set_curr = SetCurr[2];
            volt1_out = APK_Mean1(VoltL[1],0);
            volt2_out = APK_Mean2(VoltL[2],0);
            curr1 = APK_Mean3(Curr[1],0);
            curr2 = APK_Mean4(Curr[2],0);              //滑窗滤波
            CurSharePro = curr1 * 10/curr2;            //均流比计算
            avevolt_out = (volt1_out + volt2_out)/2;   //输出电压平均值计算
            currall = curr1 + curr2;                   //输出总电流计算

            if((avevolt_out > set_volt + 2000) || (curr1 > set_curr) || (curr2 > set_curr)
        || (volt1_out -volt2_out) > set_volt/10 )       //限幅保护
            {
                duty1 = 0;
                duty2 = 0;
                RunState = 0;
            }
            else
            {
                if(avevolt_out > set_volt)              //输出平均电压大于设定电压
                {
                    if(duty1 > (5 << 5))
                    {
                        duty1 -= 2;
                    }
                    if(duty2 > (5 << 5))
                    {
                        duty2 -= 2;
                    }
                }
```

```
        else if(avevolt_out < set_volt)          //输出平均电压小于设定电压
        {
            if(duty1 < (960 << 5))
            {
                duty1 += 2;
            }
            if(duty2 < (960 << 5))
            {
                duty2 += 2;
            }
        }
    }
    if(curr1 > 0 && curr2 > 0)                    //均流控制
    {
        if((CurSharePro) > CurSharePro)           //实际均流比大于设定值
        {
            if(duty1 > (5 << 5))
            {
                duty1--;
            }
            if(duty2 < (960 << 5))
            {
                duty2++;
            }
        }
        else if((CurSharePro) < CurSharePro)      //实际均流比小于设定值
        {
            if(duty1 < (960 << 5))
            {
                duty1++;
            }
            if(duty2 > (5 << 5))
            {
                duty2--;
            }
        }
    }
    if(RunState == 0)
    {
        duty1 = 0;
        duty2 = 0;
```

```
    }
    Duty[0] =duty1 >> 5;
    Duty[1] =duty2 >> 5;
    PWM_SET_CCR3(Duty[0] * (PWM_ARR + 1)/1000,Duty[1] * (PWM_ARR
+ 1)/1000,Duty[2] * (PWM_ARR + 1)/1000);
    }
```

在直流电源均流电路闭环控制程序中,需要在实现电压闭环的基础上实现电流闭环。电压闭环用于稳定输出电压,电流闭环用于稳定均流比,两者之间存在耦合。由于两路均流支路的输出电压设定值相同,因此,电压的控制对象是两路电源输出电压的平均值"avevolt_out"(avevolt_out = (volt1_out + volt2_out))。

当输出电压平均值"avevolt_out"大于设定电压时,同时减小两块通用半桥板的占空比,使其电压增益增大,增加两路电源的输出电压;当输出电压平均值"avevolt_out"小于设定电压时,同时增大两块通用半桥板的占空比,使其电压增益减小,减小两路电源的输出电压。

在电流均流闭环控制中,当电流均流比"CurSharePro"大于设定值时,即均流支路1的电流偏大,均流支路2的电流偏小,此时减小第一块通用半桥板的占空比以减小均流支路1的输出电流,增大第二块通用半桥板的占空比以增大均流支路2的输出电流;当电流均流比"CurSharePro"小于设定值时,即均流支路1的电流偏小,均流支路2的电流偏大,此时增大第一块通用半桥板的占空比以增大均流支路1的输出电流,减小第二块通用半桥板的占空比以减小均流支路2的输出电流。

电压闭环控制与电流均流闭环控制存在耦合关系,因为两者的控制都是通过改变通用半桥板的占空比实现的。当实际电压发生变化时,实际电流也会随之变化从而改变电流均流比。为了同时保证控制的精度与调整速度,在控制程序中,电压闭环控制每个周期对占空比的调整幅值为2,电流均流控制每个周期对占空比的调整幅值为1。首先满足两路均流支路输出电压的恒定,在电压恒定的基础上再对电流均流进行较小幅值的调整,两者相互作用直至平衡。

直流电源均流电路实验程序流程图如图11-2所示。

11.3 直流电源均流电路实验过程

1) **实验要求**

使用 X. Man 电力电子开发套件实现以下目标:

(1) 输入电压为 24 V 直流,开关频率 50 kHz。

(2) 均流母线电流分别设置为 3 A 和 6 A。

(3) 在母线电流分别为 3 A 和 6 A 时,均流比设置为 1∶2、1∶1 和 2∶1。

(4) 电流相对误差小于 2%。

(5) 变换器效率大于 95%。

2) **实验器材**

(1) 核心开发板两块。

(2) 液晶显示屏两块。

(3) 通用半桥板四块。

(4) 功率分析仪一台。

(5) 直流稳压电源两台。

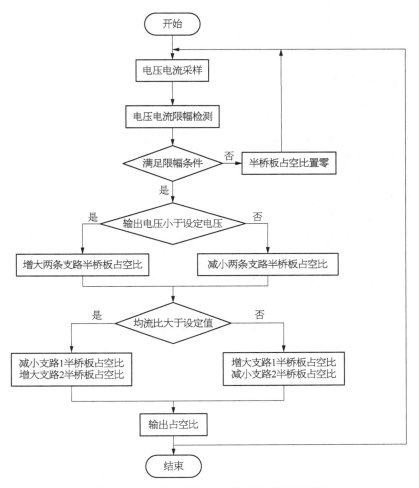

图 11 - 2　直流电源均流电路实验程序流程图

（6）直流电子负载一台。

（7）杜邦线若干。

3）实验设备连接

直流电源均流电路实验接线如图 11 - 3 所示。直流稳压电源连接两块通用半桥板的 VH

图 11 - 3　直流电源均流电路实验接线图

端(输入端),两块通用半桥板的 VL 端(输出端)接入直流电子负载。其中,直流电子负载的工作模式设置为恒流模式,并采用功率分析仪记录数据。

4) 实验步骤

直流稳压电源输入电压为 24 V,电子负载工作在恒流模式,通过改变电子负载的恒流设定值调整均流母线电流的大小。在均流母线电流分别为 3 A 和 6 A 的情况下,使电流均流比为 1∶2、1∶1 和 2∶1。记录上述 6 种情况下的直流稳压电源输入功率、均流支路 1 输出电压、均流支路 2 输出电压、均流支路 1 输出电流、均流支路 2 输出电流、均流支路 1 输出功率和均流支路 2 输出功率,并计算均流支路 1 的电压误差和电流误差,均流支路 2 的电压误差、电流误差和变换电路的转换效率。

5) 界面设置

根据实验要求,需要在液晶显示屏菜单界面添加电流均流分流比"CurSharePro"变量及其他相关参数,便于软件在线调参。在 X. Man 电力电子开发套件配套的代码源文件目录中找到"api\debug. c"文件。在"debug. c"文件中找到用户添加菜单里面的变量数组"MENU_MEMBER VarMenu[ ]",在其中添加想定义的参数。本实验中设置了如表 11 - 1 所示的菜单界面参数。

表 11 - 1　直流电源均流电路实验菜单界面参数

序号	名称	功　能
1	RunState	控制 PWM 开关输出
2	Duty[0]	通用半桥板 1 的占空比
3	Duty[1]	通用半桥板 2 的占空比
4	SetVoltL	输出电压设定值
5	CurSharePro	电流均流分流比
6	Volt1	通用半桥板 1 电压输出
7	Volt2	通用半桥板 2 电压输出
8	Curr1	通用半桥板 1 电流输出
9	Curr2	通用半桥板 2 电流输出

本实验中,直流电源均流电路实验功率分析仪参数见表 11 - 2。

表 11 - 2　直流电源均流电路实验功率分析仪参数

序号	名称	功　能
1	U_{1rms}	均流支路 1 输出电压
2	U_{2rms}	均流支路 2 输出电压
3	I_{1rms}	A 相电压有效值
4	I_{2rms}	B 相电压有效值

（续表）

序号	名称	功　能
5	P_1	均流支路 1 输出功率
6	P_2	均流支路 2 输出功率
7	U_{3rms}	直流稳压电源输入电压
8	I_{3rms}	直流稳压电源输入电流
9	P_3	直流稳压电源输入功率

11.4　直流电源均流电路实验结果及分析

1）数据分析

直流电源均流电路实验数据见表 11 - 3。

表 11 - 3　直流电源均流电路实验数据

输入电压/V	输入电流/A	输入功率/W	母线电流/A	电流均流比
24.012	3.84	92.192	6	1∶2
24.009	3.83	91.959	6	1∶1
24.012	3.841	92.222	6	2∶1
24.006	1.898 4	45.685	3	1∶2
24.073	1.892 6	45.558	3	1∶1
24.078	1.896 2	45.654	3	2∶1

支路 1 电流/A	支路 1 电流误差/%	支路 2 电流/A	支路 2 电流误差/%	支路 1 电压/V
1.984 1	0.795	4.003 5	0.087 5	14.864
3.003 6	0.12	2.987 5	0.312 5	14.994
4.026 6	0.665	1.963 7	1.815	15.132
0.998 5	0.15	1.993 5	0.325	14.888
1.522 2	1.48	1.473	1.8	14.97
2.009 5	0.475	0.986 6	1.34	15.054

支路 2 电压/V	电压误差/V	支路 1 功率/W	支路 2 功率/W	效率/%
15.117	<±0.2	29.493	60.51	97.62
15.002	<±0.2	46.303	43.504	97.65
14.85	<±0.2	60.92	29.137	97.65
15.088	<±0.2	14.866	30.078	98.37
15.007	<±0.2	22.768	22.084	98.45
14.925	<±0.2	30.235	14.692	98.407

2）实验数据指标达成

根据数据分析的结果可知,本实验最终完成以下主要指标:

(1) 输出线电压有效值误差均小于±0.2 V。

(2) 均流电路转换效率均大于97%。

(3) 输出电流误差小于1.5%。

11.5 全国大学生电子设计竞赛真题设计指标参考

2011年全国大学生电子设计竞赛开关电源模块并联供电系统(A题)中要求:

(1) 供电系统的直流输出电压误差小于±0.4 V。

(2) 供电系统的效率大于60%,并尽可能提升效率。

(3) 每个模块输出电流的相对误差不大于2%。

本章小结

本章介绍了直流电源均流电路的拓扑,继而使用两块核心开发板和四块通用半桥板完成了直流电源均流电路实验。其中,一块核心开发板和两块通用半桥板构成一个升降压斩波电路,成为均流电路的一条支路,另一块核心开发板和两块通用半桥板构成另一个升降压斩波电路,成为均流电路的第二条支路。本章实验的重点在于确保两条支路电压相等的情况下,按照规定的均流比对支路的电流进行调节。由于支路电压不等会引起环流的现象,实验过程中优先对两条支路的电压进行调节。

第 12 章

交流电源均流电路

∧

本章内容

　　交流电源均流电路,即两个电源模块可实现交流输出,并在母线电流有效值不变的情况下,两个电源的均流比可调。与直流均流不同,交流均流需要考虑两路交流信号并网时的相位是否一致。为了使并网时两路交流信号的相位一致,需要加入锁相环,这是交流电源相关实验的基础,也是本章学习的重点内容。本章将介绍交流电源均流电路的工作原理,并使用 X. Man 电力电子开发套件完成交流电源均流电路实验。

本章要求

　　1. 掌握单相交流电源均流电路与三相交流电源均流电路拓扑及工作原理。
　　2. 熟练掌握锁相环中的过零比较法。
　　3. 使用 X. Man 电力电子开发套件制作高精度、高效率的单相交流电源均流电路和三相交流电源均流电路。

12.1 单相交流电源均流电路

本节将介绍单相交流电源均流电路的原理,并基于 X. Man 电力电子开发套件完成单相交流电源均流电路实验。

12.1.1 单相交流电源均流电路理论分析

交流电源均流电路即采用多个电源模块并联对交流负载供电的电源系统。与直流电源均流电路不同的是,交流电源均流电路的难点在于并网,在并网过程中要设计锁相环使多个支路的相位保持一致。

基于 X. Man 电力电子开发套件的单相交流电源均流电路拓扑如图 12-1 所示,由两个单相逆变电路组成。一个单相逆变电路设置为恒压源输出,用来控制负载的电压,另一个单相逆变电路设置为恒流源输出。

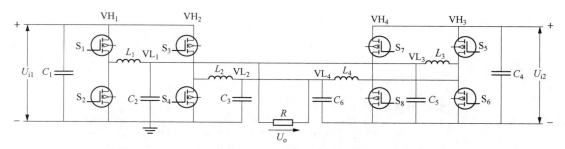

图 12-1 基于 X. Man 电力电子开发套件的单相交流电源均流电路拓扑

每个支路与负载的电压、电流关系如下:

$$U_o = U_{i1} = U_{i2} \tag{12-1}$$

式中,U_o 为负载两端电压;U_{i1} 为恒压源输出电压;U_{i2} 为恒流源输出电压。

$$I_o = I_{i1} + I_{i2} \tag{12-2}$$

式中,I_o 为负载电流;I_{i1} 为电压源输出电流;I_{i2} 为电流源输出电流。

通常情况下,由恒压源输出的电压决定负载两端电压,如式(12-1)所示。负载上流过的电流 I_o,即均流母线电流由恒压源输出电压 U_1 和负载共同决定。恒流源可以决定恒流源支路上的电流 I_{i2}。电压源支路上的电流 I_{i1} 可以由式(12-2)计算所得。因此,交流电源均流电路是通过恒压源与负载决定的母线电流 I_o,以及恒流源决定的恒流源支路电流 I_{i2} 确定两个支路的电流分流比。这里需要注意的是,恒流源支路电流 I_{i2} 的设定值不能超过负载电流 I_o,否则恒压源支路的电流将反灌,对电路造成危害。

12.1.2 单相交流电源均流电路实验程序分析

本章单相交流电源均流电路实验需要用到两块核心开发板,一块用作恒压源,另一块用作恒流源。恒压源的程序与第 9 章单相逆变电路完全一致,不再赘述。下面主要对恒流源程序进行分析。

恒流源程序主要分为电压检测程序、电流检测程序、并网程序和锁相环程序。电压检测程序用于检测电压相位,电流检测程序用于检测电流相位,并网程序将两支路进行并网,锁相环程序用于使恒压源的输出电压与恒流源的输出电流相位保持一致。

```
//加载头文件
#include "includes. h"

//全局变量
#define ApkTaskWait()        {APK_Common();TASK_Wait();TASK_SetTimer
(10);}
#define APK_FUN_ARG_LEN(10)          //函数参数个数最大值
#define PWM_AMP_MAX(1900)

s32 PwmFreq,Duty[PWM_PHASE_NUM],PwmDead,RunState,LcdBkLight;
s32 DacSetValue[DAC_CH_NUM];
s32 AdcRawData[ADC_CH_NUM];
s32 TaskTimeSec;
s32 debug_data[10];                  //相位数据记录
s32 GridOkFlag;                      //并网标识符
s32 SinOutFlag;                      //初次并网标识符


s32 VoltL[PWM_PHASE_NUM];            //半桥中点电压(mV)
s32 AC_VoltL[PWM_PHASE_NUM];         //交流相电压
s32 Urms_Ave;                        //输出线电压有效值
s32 Irms_Ave;                        //输出线电流有效值
s32 Curr[PWM_PHASE_NUM];             //半桥中点电流(mA)
s32 AC_Curr[PWM_PHASE_NUM];          //交流相电流
s32 GRID_SWITCH = 0;                 //并网开关
s32 IndexOffset;                     //相位偏置,用于锁相控制
s32 K_VoltL[PWM_PHASE_NUM];          //半桥中点电压系数
s32 K_Curr[PWM_PHASE_NUM];           //半桥中点电流系数
s32 B_Curr[PWM_PHASE_NUM];           //半桥中点电流偏置
s32 VoltH;                           //输入母线电压
s32 SIN_TABLE_LEN = 501;             //正弦表长度初始值(50 Hz)
s32 SinTable[1000];                  //正弦表
s32 Set_Irms;                        //输出线电流有效值设定值
s32 Set_ProtectIrms;                 //输出线电流有效值最大值
s32 Amp;                             //输出线电流幅值参数

s32 SinIndexA;                       //A 相正弦表序号
s32 SinIndexB;                       //B 相正弦表序号
s32 SinIndexC;                       //C 相正弦表序号

void (*ptrApkTask)(void);            //任务指针
void (*ptrApkTaskPre)(void);         //任务指针
```

```
void APK_Jump(void ( * apk_fun)(void));
void APK_Jump2Pre(void);
void APK_Common(void);
void Apk_Main(void);
void APK_Ctrl(void);

//AD 采样计算程序
void APK_VoltCurrCalc(void)
{
    Curr[0] = (GET_AD_CH1_RAW_DATA - B_Curr[0]) * K_Curr[0]/1000;
    Curr[1] = (GET_AD_CH3_RAW_DATA - B_Curr[1]) * K_Curr[1]/1000;
//牺牲一路电流采集输入电压用于计算并网时电流源的初始输出防止瞬时短路
    VoltH = GET_AD_CH6_RAW_DATA * K_Curr[2]/1000;
    VoltL[0] = GET_AD_CH1_RAW_DATA * K_VoltL[0]/1000;
    VoltL[1] = GET_AD_CH3_RAW_DATA * K_VoltL[1]/1000;
    VoltL[2] = GET_AD_CH5_RAW_DATA * K_VoltL[2]/1000;}


//正弦表初始化
void APK_SINTAB_Init()
{
    s32 i;
    SIN_TABLE_LEN = 200;
    for(i = 0;i < SIN_TABLE_LEN;i++)
    {
        SinTable[i] = ((i < SIN_TABLE_LEN/2) ? (1) :(-1)) * (pow(fabs(sin
(2 * 3.141592653 * i/SIN_TABLE_LEN)),0.97)) * (1<<17);
    }
    SinIndexA = 0;
    SinIndexB = SIN_TABLE_LEN * 1/2;
}
```

本实验的正弦表初始化函数中,设定正弦表的长度"SIN_TABLE_LEN = 200",对应的正弦频率为 50 Hz 保持不变。

```
//控制程序参数声明
s32 volt_a;                    //半桥板 1 输出电压
s32 volt_b;                    //半桥板 2 输出电压
s32 volt_ab;                   //输出电压
s32 set_curr;                  //设定输出电流
s32 curr_a;                    //半桥板 1 输出电流
s32 curr_b;                    //半桥板 2 输出电流
static long long urms_ab;      //输出电压有效值
```

```
static long long usum;
static long long irms_a;                    //输出电流有效值
static s32 cnt_v = 0;                        //电压检测计数器
static s3 cnt_c = 0;                         //电流检测计数器
static s32 time_out = 0;                     //电网检测计数器
static s32 dir_v = 0;                        //电压正负周期标识符
static s32 dir_c = 0;                        //电流正负周期标识符
static s32 width_hi;                         //正半周期长度
static s32 width_low = 0;                    //负半周期长度
static s32 width_cnt;                        //半周期时间
s32 period;                                  //周期时间
static s32 diffc_cnt=0;                      //电压过零检测计数器
static s32 diffv_cnt=0;                      //电流过零检测计数器
static s32 diffcv_cnt=0;                     //电压电流相位差
s32 temp;
s32 sync;                                    //并网标识符
s32 diff = 0;                                //输出电压
s32 IndexOffset;                             //相位偏置,用于锁相控制
s32 GridOkFlag;                              //电网检测标识符
s32 SinOutFlag;                              //并网标识符
APK_VoltCurrCalc();                          //AD 采样值计算

volt_a = VoltL[0];
volt_b = VoltL[1];
volt_c = VoltL[2];


curr_a = Curr[0];
curr_b = Curr[1];


voltab = APK_Mean1(volt_a - volt_b,0);
diff = voltab;
urms_ab += (volt_a - volt_b) * (volt_a - volt_b);
irms_a += curr_a * curr_a;

//电压电流采集计算
void APK_VoltCurrCalc(void)
{
    Curr[0] = (GET_AD_CH2_RAW_DATA - B_Curr[0]) * K_Curr[0]/1000;
    Curr[1] = (GET_AD_CH4_RAW_DATA - B_Curr[1]) * K_Curr[1]/1000;
//牺牲一路电流采样,用于采集输入电压并计算并网时电流源的初始输出
    VoltH = GET_AD_CH6_RAW_DATA * K_Curr[2]/1000;
```

```
        VoltL[0] = GET_AD_CH1_RAW_DATA * K_VoltL[0]/1000;
        VoltL[1] = GET_AD_CH3_RAW_DATA * K_VoltL[1]/1000;
        VoltL[2] = GET_AD_CH5_RAW_DATA * K_VoltL[2]/1000;
    }


    //测量正负半周时间
    if(width_cnt < 110)
        {
            width_cnt++;
        }
        else
        {
            time_out = 0;
            GridOkFlag = 0;
            PWM_STOP();
        }
        sync = 0;
```

在正弦表初始化函数中规定了正弦表的长度为 200,因此一个周期的长度为 200,半个周期的长度为 100。在测量正负半周周期时,为保证留有一定的余量,计数器"width_cnt"的最大值设定为 109。

```
    //电压检测程序
    if(cnt_v)                                    //防止过零抖动
        {
            cnt_v--;
        }
        else if(cnt_v <= 0)
        {
            if(dir_v <= 0)                       //负半周期,上升沿过零检测
            {
                if(diff > 0)                     //上升沿过零
                {
                    dir_v = 1;                   //上升沿
                    cnt_v = 50;                  //设定 50 个控制周期执行一次
                    width_low = width_cnt;       //负半周期长度
                    width_cnt = 0;
                    period = width_low + width_hi;   //全周期长度
                    //检测电网是否正常
    if((width_low >= 90) && (width_low <= 110) && (width_hi >= 90) &&
(width_hi <= 110) && ((period >= 190) && (period <= 210)))
                    {
```

```
                    if(time_out < 150)
                    {
                        time_out++;
                    }
                    else                              //150 个控制周期内电网都保持
正常
                    {
                        GridOkFlag = 1;
                    }
                    sync = 1;
                }
                else
                {
                    //关闭并网
                    PWM_STOP();
                    time_out = 0;
                    GridOkFlag = 0;
                    SinOutFlag = 0;
                }
            }
        }
        else                                          //正半周期,下降沿过零检测
        {
            if(diff < 0)
            {
                dir_v = -1;                            //正半周期标识位
                cnt_v = 50;                            //50 个控制周期执行一次
                width_hi = width_cnt;                  //正半周期时间
                width_cnt = 0;
                sync = 1;
            }
        }
    }
```

　　电压检测程序的主要功能是对恒流源输出电压进行过零检测,并在确保电网电压正常的情况下启动并网。

　　电压检测程序通过设置计数器"cnt_v = 50"实现每 50 个控制周期执行一次,避免过零抖动引入的干扰。无论电压处于正半周期还是负半周期,都采用计数器"width_cnt"对正半周期、负半周期的长度进行计数,并将正半周期长度值赋予"width_hi",负半周期长度值赋予"width_low",因此,整个周期的长度"period"可通过"period = width_low + width_hi"计算得到。

本程序采用的是上升沿过零比较,因此当标志符"dir_v <= 0",即电压处于负半周期时,对输出电压"diff"进行监测。当检测到"diff > 0"时即上升沿,电压将进入正半周期,将标识符"dir_v"置1。通过"if((width_low >= 90) && (width_low <= 110) && (width_hi >= 90) && (width_hi <= 110) && ((period >= 190) && (period <= 210)))"代码对电网信号进行检测,确保其正半周期时间、负半周期时间和总周期时间在150个周期内都保持在合理的区间内,满足此条件时,将并网标识符"sync"置1,允许并网。

而当电压处于正半周期时,只需要对正半周期时间进行计数,并将值赋予"width_hi"即可。

```
//电流检测程序
    if(cnt_c)                              //防止过零抖动
    {
        cnt_c——;
    }
    else
    {
        if(SinOutFlag == 1)
        {
            if(dir_c <= 0)                 //电流处于负半周期
            {
                if(curr_a > 0)            //上升沿检测
                {
                    dir_c = 1;
                    cnt_c = 50;            //设定每50个控制周期执行
                }
            }
            else if(dir_c >= 0)            //电流处于正半周期
            {
                if(curr_a < 0)            //下降沿检测
                {
                    dir_c = —1;
                    cnt_c = 50;
                }
            }
        }
    }
```

电流检测程序主要用于检测电流正半周期、负半周期的长度,其原理与电压检测程序类似。

```
//闭环并网程序
    if(GridOkFlag <= 0)                            //检测电网状态是否正常
    {
```

```
            sync = 0;
        }
    else if(sync)                                      //电网状态正常
    {
        if(dir_v == 1)                                 //电压处于正半周期 {
//计算上个周期电压和电流的有效值
            AC_VoltL[0] = APK_sqrt_fast(urms_ab/SIN_TABLE_LEN );
            Urms_Ave = AC_VoltL[0];
            AC_Curr[0] = APK_sqrt_fast(irms_a/SIN_TABLE_LEN);
            if(RunState == 1)
            {
                if(SinOutFlag == 0)                    //初次并网
                {
                    PWM_START();                       //PWM 输出
                    SinIndexA = 0 + IndexOffset;
                    SinOutFlag = 1;                    //并网标识符置1
                }
                else
                {
                    if(AC_Curr[0] > Set_ProtectIrms) //限流保护
                    {
                        RunState = 0;
                        PWM_STOP();
                        SinOutFlag = 0;
                    }
                    else
                    {
                        //设定电流小于输出电流
                        if(Set_Irms < AC_Curr[0])
                        {
                            if(Amp > 1)
                            {
                                Amp——;                 //减小输出电流幅值
                            }
                        }
                        //设定电流大于输出电流
                        else if(Set_Irms > AC_Curr[0])
                        {
                            if(Amp < 1900)
                            {
                                Amp++;                 //增大输出电流幅值
```

```
                        }
                    }
                }
                debug_data[3] = SinIndexA;            //显示逆变器 A 相相位
            }
        }
        else
        {
            PWM_STOP();
            SinOutFlag = 0;
        }
        irms_a = 0;
        urms_ab = 0;
    }
}
```

并网程序的作用是当电网状态正常时,在电网电压过零点打开恒流源的输出开始并网,并计算输出电压和电流的有效值。

在电压检测程序中采用的是上升沿过零检测,因此当电压信号由负转正产生上升沿时,即"dir_v = 1"时认为是一个周期的开始,此时对上一个周期的电压和电流有效值进行计算,用于闭环调节。如果是初次并网,即"SinOutFlag = 0",使用"PWM_START()"函数打开PWM 输出,并将初始相位"SinIndexA"加上一个相位偏置"IndexOffset",使其相位能接近电网信号。

在电流闭环调节中,当输出电流有效值的设定值"Set_Irms"小于输出电流"AC_Curr[0]"时,减小输出电流有效值的幅值"Amp";当输出电流有效值的设定值"Set_Irms"大于输出电流"AC_Curr[0]"时,增大输出电流有效值的幅值"Amp"。

```
//锁相程序
if(dir_c == 1)                                       //输出电流上升沿
    {
        if(diffc_cnt < 50)                           //相位差开始计数
        {
            diffc_cnt++;
        }
        LED1_OFF();
    }
    else
    {
        LED1_ON();
        diffc_cnt = 0;
    }
    if(dir_v == 1)                                   //输出电压上升沿
```

```
{
    LED3_OFF();
    if(diffv_cnt < 50)                                    //相位差开始计数
    {
        diffv_cnt++;
    }
}
else
{
    LED3_ON();
    diffv_cnt = 0;
}
//当输出电流与输出电压都产生上升沿时,计算此时的相位差
if(diffc_cnt > 0 && diffv_cnt > 0)
{
    diffcv_cnt = APK_Mean2(diffc_cnt - diffv_cnt,0);    //相位差滤波
    debug_data[2] = diffcv_cnt;
    if(diffc_cnt < 30 && diffv_cnt < 30)
    {
        //电流超前电压一定相位
        if(diffcv_cnt >= 2 && (diffc_cnt - diffv_cnt) >= 3)
        {
            SinIndexA --;                                //向后调节电流相位
        }
        //电流滞后电压一定相位
        else if(diffcv_cnt < -2)
        {
            SinIndexA ++;                                //向前调节电流相位
        }
    }
    diffc_cnt = 0;                                        //电流相位差清零
    diffv_cnt = 0;                                        //电压相位差清零
}
```

　　锁相程序主要使恒流源和恒压源并网之后电压和电流相位相同,本实验程序中所用到的锁相环方式是上升沿过零比较法,即通过比较电压和电流由负向正过零时的相位差,对输出电流的相位进行调节。

　　当电流相位上升沿过零时,即"dir_c =1"时,电流相位计数器"diffc_cn"t 加 1;当电压相位上升沿过零时,即"dir_v = 1",电压相位计数器"diffc_cnt"加 1。

　　当电流和电压同时出现上升沿过零时,即"(diffc_cnt > 0 && diffv_cnt > 0)",电流与电压的相位差"dittcv_cnt"值等于电流相位差计数器"diffc_cnt"与电压相位差计数器"diffv_ cnt"的差。为了减少并网信号的畸变率,当相位差小于等于 2 时不作调节。

当电流超前电压时,即"(diffcv_cnt >= 2 && (diffc_cnt − diffv_cnt) >= 3)"时,向前调节电流相位,即输出电流在正弦表的序号"SinIndexA"减 1;当电流滞后电压时,即"(diffcv_cnt < −2)"时,向后调节电流相位,即输出电流在正弦表的序号"SinIndexA"加 1。

```
//遍历正弦表
SinIndexA++;
    SinIndexB = SinIndexA + SIN_TABLE_LEN/2;
    while(SinIndexA < 0)                              //限幅
    {
        SinIndexA += SIN_TABLE_LEN;
    }
    while(SinIndexA >= SIN_TABLE_LEN)
    {
        SinIndexA -= SIN_TABLE_LEN;
    }
    while(SinIndexB < 0)
    {
        SinIndexB += SIN_TABLE_LEN;
    }
    while(SinIndexB >= SIN_TABLE_LEN)
    {
        SinIndexB -= SIN_TABLE_LEN;
    }
    if(RunState == 0)
    {
        Amp = (Urms_Ave << 11) * 1.65/VoltH;
        IndexOffset = 4;                              //相位偏置设置为 4
    }
    temp = ((PWM_ARR + 1) >> 1);
    Duty[0] = (((((SinTable[SinIndexA] * Amp) >> 17) * temp) >> 11) + temp;
    Duty[1] = (((((SinTable[SinIndexB] * Amp) >> 17) * temp) >> 11) + temp;
    Duty[2] = (PWM_ARR + 1) * 90/100;
    PWM_SET_CCR3(Duty[0],Duty[1],Duty[2]);           //PWM 信号输出
}
```

遍历正弦表程序主要起到限幅作用,对逆变器两个半桥板的相位序号"SinIndexA"和"SinIndexB"起到限幅保护作用。

单相交流电源均流电路实验程序流程图如图 12-2 所示。

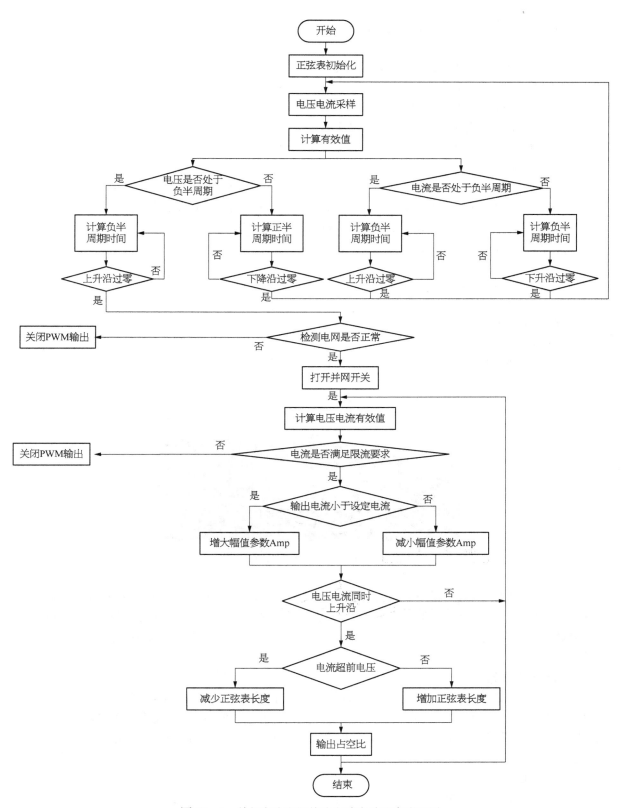

图 12 - 2 单相交流电源均流电路实验程序流程图

12.1.3　单相交流电源均流电路实验过程

1) 实验要求

使用 X. Man 电力电子开发套件实现以下目标:

(1) 恒压源输出电压有效值为 24 V,开关频率为 50 kHz。

(2) 均流母线电流有效值为 4 A。

(3) 均流比设置为 1∶3、1∶1 和 3∶1。

(4) 负载电压 THD 和电流 THD 均小于 2%。

(5) 电流相对误差小于 3%。

2) 实验器材

(1) 恒压源一个(一块核心开发板、一块液晶显示屏和两块通用半桥板)。

(2) 恒流源一个(一块核心开发板、一块液晶显示屏和两块通用半桥板)。

(3) 功率分析仪一台。

(4) 数字示波器一台。

(5) 直流稳压电源两台。

(6) 电阻负载一个。

(7) 杜邦线若干。

3) 实验设备连接

单相交流电源均流电路实验接线如图 12-3 所示。

图 12-3　单相交流电源均流电路实验接线图

两台直流稳压电源分别连接恒压源和恒流源的 VH 端(输入端)。恒压源的 VL 端(输出端)连接电阻负载,恒流源的 VL 端(输出端)连接恒压源的 VL 端(输出端)。采用功率分析仪和数字示波器记录数据。其中,示波器需要显示恒压源的输出电压波形和恒流源的输出电流波形。

4) 实验步骤

恒压源输出线电压有效值为 24 V,均流母线电流为 4 A,设置电流均流比分别为 1∶3、1∶1 和 3∶1。记录上述三种情况下的恒压源输出电压有效值、输出电流有效值、输出电压误差、输出电压 THD,以及恒流源输出电压有效值、输出电流有效值、输出电流误差、输出电流 THD。

5) 界面设置

根据实验要求,需要在液晶显示屏菜单界面添加输出电流有效值的设定值"Set_Irms"变量及其他相关参数,便于软件在线调参。在 X. Man 电力电子开发套件配套的代码源文件目录中找到"api\debug. c"文件。在"debug. c"文件中找到用户添加菜单里面的变量数组"MENU_MEMBER VarMenu[ ]",在其中添加想定义的参数。本实验中设置了如表 12-1 所示的菜单界面参数。

表 12-1　单相交流电源均流电路实验菜单界面参数

序号	名称	功　能
1	RunState	控制 PWM 开关输出
2	Set_Irms	输出电流有效值的设定值
3	ProtectIrms	最大电流限幅值
4	Amp	输出电流幅值
5	Urms_Ave	输出电压有效值的平均值
6	CurrA	通用半桥板 1 电流
7	CurrB	通用半桥板 2 电流
8	VoltH	输出电压
9	K_VoltH	VH 端电压采样比例系数

本实验中,单相交流电源均流电路实验功率分析仪参数见表 12-2。

表 12-2　单相交流电源均流电路实验功率分析仪参数

序号	名称	功　能
1	U_{1rms}	恒压源输出电压有效值
2	I_{1rms}	恒压源输出电流有效值
3	U_{1thd}	恒压源输出电压 THD
4	U_{2rms}	恒流源输出电压有效值
5	I_{2rms}	恒流源输出电流有效值
6	I_{2thd}	恒流源输出电流 THD

12.1.4　单相交流电源均流电路实验结果及分析

1) 数据分析

单相交流电源均流电路实验数据见表 12-3,测量所得的波形如图 12-4 所示。

表 12-3　单相交流电源均流电路实验数据

恒压源电压有效值/V	恒压源电流有效值/A	恒压源电压误差/V	恒压源电压THD/%
24.259	0.987 0	<±0.3	1.24
24.152	2.055 5	<±0.3	1.94
24.083	2.994	<±0.3	2.37

(续表)

恒流源电压 有效值/V	恒流源电流 有效值/A	恒流源电流 误差/%	恒流源电流 THD/%
0.508 8	2.999 7	0.01	3.64
0.773 6	1.995 1	0.245	5.11
0.663 2	0.994 4	0.56	10.32

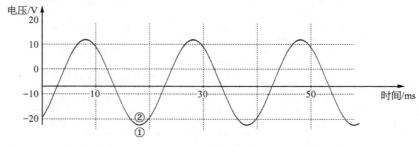

(a) 恒压源输出线电压

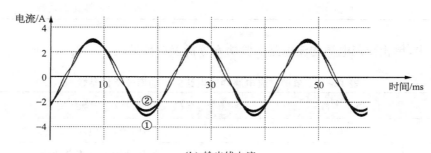

(b) 输出线电流
①—恒压源；②—均流电路

图 12 - 4 单相交流电源均流电路实验波形图

2）实验数据指标达成

根据数据分析的结果可知，本实验最终完成以下主要指标：

（1）单相交流电源均流电路输出电压 THD 小于 2%。

（2）两支路电流误差均小于 0.1 A。

（3）母线电流误差小于 3%。

12.2 三相交流电源均流电路

本节将介绍三相交流电源均流电路的原理，并基于 X. Man 电力电子开发套件完成三相交流电源均流电路实验。

12.2.1 三相交流电源均流电路理论分析

在单相交流电源均流电路的基础上，将两支路单相逆变电路拓扑变换为三相逆变电路拓扑，并连接星形电阻负载，就构成了三相交流电源均流电路拓扑。三相交流电源均流电路实际上也是三相交流并网电源，具有较大的实际应用价值。

基于 X. Man 电力电子开发套件的三相交流电源均流电路拓扑如图 12 - 5 所示。和单相

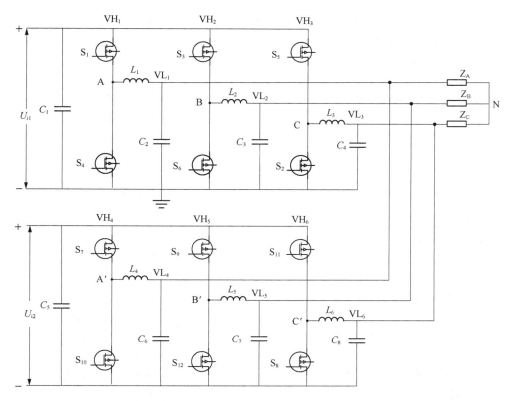

图 12 - 5　基于 X. Man 电力电子开发套件的三相交流电源均流电路拓扑

交流电源均流电路一样,其中一路逆变电路稳压输出用作三相恒压源,另一路逆变电路恒流输出用作三相恒流源。同样需要确保三相恒流源支路电流 I_2 的设定值不能超过负载电流 I_o,以防电流反向流入三相恒压源。

12.2.2　三相交流电源均流电路实验程序分析

本章三相交流电源均流电路实验需要用到两块核心开发板。一块用作三相恒压源,另一块用作三相恒流源。三相恒压源的程序与第 10 章三相逆变电路完全一致,不再赘述,下面主要对三相恒流源进行程序分析。

三相恒流源程序主要分为电压检测程序、电流检测程序、并网程序和锁相环程序。电压检测程序用于检测电压相位,电流检测程序用于检测电流相位,并网程序将两支路进行并网,锁相环程序用于使三相恒压源的输出电压与三相恒流源的输出电流相位保持一致。

```
//加载头文件
#include "includes. h"

//全局变量
#define  ApkTaskWait()      {APK_Common();TASK_Wait();TASK_SetTimer
(10);}
#define APK_FUN_ARG_LEN(10)          //函数参数个数最大值
#define PWM_AMP_MAX(1900)
```

```
s32 PwmFreq,Duty[PWM_PHASE_NUM],PwmDead,RunState,LcdBkLight;
s32 DacSetValue[DAC_CH_NUM];
s32 AdcRawData[ADC_CH_NUM];
s32 TaskTimeSec;
s32 debug_data[10];                          //相位数据记录
s32 GridOkFlag;                              //并网标识符
s32 SinOutFlag;                              //初次并网标识符

s32 VoltL[PWM_PHASE_NUM];                    //半桥中点电压(mV)
s32 AC_VoltL[PWM_PHASE_NUM];                 //交流相电压
s32 Urms_Ave;                                //输出线电压有效值平均值
s32 Irms_Ave;                                //输出线电流有效值平均值
s32 Curr[PWM_PHASE_NUM];                     //半桥中点电流(mA)
s32 AC_Curr[PWM_PHASE_NUM];                  //交流相电流
s32 GRID_SWITCH = 0;                         //并网开关
s32 IndexOffset;                             //相位偏置,用于锁相控制
s32 K_VoltL[PWM_PHASE_NUM];                  //半桥中点电压系数
s32 K_Curr[PWM_PHASE_NUM];                   //半桥中点电流系数
s32 B_Curr[PWM_PHASE_NUM];                   //半桥中点电流偏置
s32 VoltH;                                   //输入母线电压
s32 SIN_TABLE_LEN = 501;                     //正弦表长度初始值(50 Hz)
s32 SinTable[1000];                          //正弦表
s32 Set_Irms;                                //输出线电流有效值设定值
s32 Set_ProtectIrms;                         //输出线电流有效值最大值
s32 Amp;                                     //输出线电流幅值参数

s32 SinIndexA;                               //A 相正弦表序号
s32 SinIndexB;                               //B 相正弦表序号
s32 SinIndexC;                               //C 相正弦表序号

void ( * ptrApkTask)(void);                  //任务指针
void ( * ptrApkTaskPre)(void);               //任务指针

void APK_Jump(void ( * apk_fun)(void));
void APK_Jump2Pre(void);
void APK_Common(void);
void Apk_Main(void);
void APK_Ctrl(void);

//AD 采样计算程序
void APK_VoltCurrCalc(void)
```

```
{
    Curr[0] = (GET_AD_CH1_RAW_DATA − B_Curr[0]) * K_Curr[0]/1000;
    Curr[1] = (GET_AD_CH3_RAW_DATA − B_Curr[1]) * K_Curr[1]/1000;
//牺牲一路电流采集输入电压用于计算并网时电流源的初始输出防止瞬时短路
    VoltH = GET_AD_CH6_RAW_DATA * K_Curr[2]/1000;
    VoltL[0] = GET_AD_CH1_RAW_DATA * K_VoltL[0]/1000;
    VoltL[1] = GET_AD_CH3_RAW_DATA * K_VoltL[1]/1000;
    VoltL[2] = GET_AD_CH5_RAW_DATA * K_VoltL[2]/1000;}


//正弦表初始化
void APK_SINTAB_Init()
{
    s32 i;
    SIN_TABLE_LEN = 200;
    for(i = 0;i < SIN_TABLE_LEN;i++)
    {
SinTable[i] = ((i < SIN_TABLE_LEN/2) ? (1) :(−1)) * (pow(fabs(sin(2 *
3.141592653 * i/SIN_TABLE_LEN)),0.97)) * (1<<17);
    }
    SinIndexA = 0;
    SinIndexB = SIN_TABLE_LEN * 1/2;
}
```

本实验的正弦表初始化函数中,设定正弦表的长度"SIN_TABLE_LEN= 200",对应的正弦频率为 50 Hz 保持不变。

```
//控制程序参数声明
s32 volt_a;                          //半桥板 1 输出电压
s32 volt_b;                          //半桥板 2 输出电压
s32  volt_ab;                        //输出电压
s32 set_curr;                        //设定输出电流
s32 curr_a;                          //半桥板 1 输出电流
s32 curr_b;                          //半桥板 2 输出电流
static long long urms_ab;
static long long urms_ac;
static long long urms_bc;            //输出电压有效值
static long long usum;
static long long irms_a;
static long long irms_b;
static long long irms_c;             //输出电流有效值
static s32 cnt_v = 0;                //电压检测计数器
static s3 cnt_c = 0;                 //电流检测计数器
```

```
static s32 time_out = 0;                    //电网检测计数器
static s32 dir_v = 0;                        //电压正负周期标识符
static s32 dir_c = 0;                        //电流正负周期标识符
static s32 width_hi;                         //正半周期长度
static s32 width_low = 0;                    //负半周期长度
static s32 width_cnt;                        //半周期时间
s32 period;                                  //周期时间
static s32 diffc_cnt=0;                      //电压过零检测计数器
static s32 diffv_cnt=0;                      //电流过零检测计数器
static s32 diffcv_cnt=0;                     //电压电流相位差
s32 temp;
s32 sync;                                    //并网标识符
s32 diff = 0;                                //输出电压
s32 IndexOffset;                             //相位偏置,用于锁相控制
s32 GridOkFlag;                              //电网检测标识符
s32 SinOutFlag;                              //并网标识符
APK_VoltCurrCalc();                          //AD 采样值计算

//读取三相电压电流瞬时值
volt_a = VoltL[0];
volt_b = VoltL[1];
volt_c = VoltL[2];

curr_ab =APK_Mean3(Curr[0] - Curr[1],0)
voltab = APK_Mean1(volt_a - volt_b,0);

diff = voltab;
//计算一个周期内三相电压电流瞬时值的平方和
urms_ab += (volt_a - volt_b) * (volt_a - volt_b);
irms_a += Curr[0] * Curr[0];
irms_b += Curr[1] * Curr[1];

//电压电流采集计算
void APK_VoltCurrCalc(void)
{
    Curr[0] = (GET_AD_CH2_RAW_DATA - B_Curr[0]) * K_Curr[0]/1000;
    Curr[1] = (GET_AD_CH4_RAW_DATA - B_Curr[1]) * K_Curr[1]/1000;//
牺牲一路电流用来采集输入电压用于计算并网时电流源的初始输出
    VoltH = GET_AD_CH6_RAW_DATA * K_Curr[2]/1000;
    VoltL[0] = GET_AD_CH1_RAW_DATA * K_VoltL[0]/1000;
    VoltL[1] = GET_AD_CH3_RAW_DATA * K_VoltL[1]/1000;
```

```
        VoltL[2] = GET_AD_CH5_RAW_DATA * K_VoltL[2]/1000;
}


//测量正负半周时间
if(width_cnt < 110)
    {
        width_cnt++;
    }
    else
    {
        time_out = 0;
        GridOkFlag = 0;
        PWM_STOP();
    }
    sync = 0;
```

在正弦表初始化函数中规定了正弦表的长度为 200，因此一个周期的长度为 200，半个周期的长度为 100。在测量正负半周周期时，为保证留有一定的余量，计数器"width_cnt"的最大值设定为 109。

```
//电压检测程序
if(cnt_v)                                       //防止过零抖动
    {
        cnt_v--;
    }
    else if(cnt_v <= 0)
    {
        if(dir_v <= 0)                          //负半周期,上升沿过零检测
        {
            if(diff > 0)                        //上升沿过零
            {
                dir_v = 1;                      //上升沿
                cnt_v = 50;                     //设定50个控制周期执行一次
                width_low = width_cnt;          //负半周期长度
                width_cnt = 0;
                period = width_low + width_hi;  //全周期长度
                //检测电网是否正常
if((width_low >= 90) && (width_low <= 110) && (width_hi >= 90) &&
(width_hi <= 110) && ((period >= 190) && (period <= 210)))
                {
                    if(time_out < 150)
                    {
```

```
                    time_out++;
                }
                else                            //150 个控制周期内电网都保持
正常
                {
                    GridOkFlag = 1;
                }
                sync = 1;
            }
            else
            {
                //关闭并网
                PWM_STOP();
                time_out = 0;
                GridOkFlag = 0;
                SinOutFlag = 0;
            }
        }
    }
    else                                    //正半周期,下降沿过零检测
    {
        if(diff < 0)                        //下降沿过零
        {
            dir_v = -1;                     //正半周期标识位
            cnt_v = 50;                     //50 个控制周期执行一次
            width_hi = width_cnt;           //正半周期时间
            width_cnt = 0;
            sync = 1;
        }
    }
}

//电流检测程序
    if(cnt_c)                               //防止过零抖动
    {
        cnt_c--;
    }
    else
    {
        if(SinOutFlag == 1)
        {
```

```
        if(dir_c <= 0)                              //电流处于负半周期
        {
            if(curr_a > 0)                          //上升沿检测
            {
                dir_c = 1;
                cnt_c = 50;                         //设定每 50 个控制周期执行
            }
        }
        else if(dir_c >= 0)                         //电流处于正半周期
        {
            if(curr_a < 0)                          //下降沿检测
            {
                dir_c = -1;
                cnt_c = 50;
            }
        }
    }
}
```

三相交流电源均流电路的电压检测程序、电流检测程序与单相交流电源均流电路一致。对 U_{AB} 线电压与 A 相电流进行正负半周期的时长检测与过零检测。

```
//闭环并网程序
    if(GridOkFlag <= 0)                             //检测电网状态是否正常
    {
        sync = 0;
    }
    else if(sync)                                   //电网状态正常
    {
        if(dir_v == 1)                              //电压处于正半周期
    {
//计算上个周期电压和电流的有效值
//UAB 线电压有效值
    AC_VoltL[0] = APK_sqrt_fast(urms_ab/SIN_TABLE_LEN );   Urms_Ave =
AC_VoltL[0];
    //A 相电流有效值
    AC_Curr[0] = APK_sqrt_fast(irms_a/SIN_TABLE_LEN);
    //B 相电流有效值
AC_Curr[1] = APK_sqrt_fast(irms_b/SIN_TABLE_LEN);
        if(RunState == 1)
        {
            if(SinOutFlag == 0)                     //初次并网
```

```
        {
            PWM_START();                    //PWM 输出
        SinIndexA = 0 + IndexOffset;
        SinOutFlag = 1;                     //并网标识符置1
    }
    else
    {
        if(AC_Curr[0] > Set_ProtectIrms) //限流保护
        {
            RunState = 0;
            PWM_STOP();
            SinOutFlag = 0;
        }
        else
        {
            //设定电流小于输出电流
            if(Set_Irms < AC_Curr[0])
            {
                if(Amp > 1)
                {
                    Amp--;                  //减小输出电流幅值
                }
            }
            //设定电流大于输出电流
            else if(Set_Irms > AC_Curr[0])
            {
                if(Amp < 1900)
                {
                    Amp++;                  //增大输出电流幅值
                }
            }
        }
        debug_data[3] = SinIndexA;          //显示 A 相相位
    }
}
else
{
    PWM_STOP();
    SinOutFlag = 0;
}
irms_a = 0;
```

```
            irms_b = 0;
            urms_ab = 0;
        }
    }
```

　　三相交流电源均流电路实验的并网程序针对 A 相电流有效值"AC_Curr[0]"进行电流闭环调节。

```
//锁相程序
if(dir_c == 1)                                          //输出电流上升沿
    {
        if(diffc_cnt < 50)                             //相位差开始计数
        {
            diffc_cnt++;
        }
        LED1_OFF();
    }
    else
    {
        LED1_ON();
        diffc_cnt = 0;
    }
    if(dir_v == 1)                                     //输出电压上升沿
    {
        LED3_OFF();
        if(diffv_cnt < 50)                             //相位差开始计数
        {
            diffv_cnt++;
        }
    }
    else
    {
        LED3_ON();
        diffv_cnt = 0;
    }
    //当输出电流与输出电压都产生上升沿时,计算此时的相位差
    if(diffc_cnt > 0 && diffv_cnt > 0)
    {
        diffcv_cnt = APK_Mean2(diffc_cnt − diffv_cnt,0);   //相位差滤波
        debug_data[2] = diffcv_cnt;
        if(diffc_cnt < 30 && diffv_cnt < 30)
        {
```

```
                    //电流超前电压一定相位
                    if(diffcv_cnt >= 3 && (diffc_cnt - diffv_cnt) >= 4)
                    {
                        SinIndexA --;                           //向后调节电流相位
                    }
                    //电流滞后电压一定相位
                    else if(diffcv_cnt < -4)
                    {
                        SinIndexA ++;                           //向前调节电流相位
                    }
                }
                diffc_cnt = 0;                                  //电流相位差清零
                diffv_cnt = 0;                                  //电压相位差清零
            }
```

三相交流电源均流电路实验的锁相程序与单相交流电源均流电路实验相似,这里需要注意的是,在三相交流电源均流电路实验中可以适当增加相位检测的死区范围,从而使输出波形更稳定。

```
    //遍历正弦表
    SinIndexA++;
        SinIndexB = SinIndexA + SIN_TABLE_LEN/2;
        while(SinIndexA < 0)                                    //限幅
        {
            SinIndexA += SIN_TABLE_LEN;
        }
        while(SinIndexA >= SIN_TABLE_LEN)
        {
            SinIndexA -= SIN_TABLE_LEN;
        }
        while(SinIndexB < 0)
        {
            SinIndexB += SIN_TABLE_LEN;
        }
        while(SinIndexB >= SIN_TABLE_LEN)
        {
            SinIndexB -= SIN_TABLE_LEN;
        }
    while(SinIndexC < 0)
        {
            SinIndexC += SIN_TABLE_LEN;
        }
        while(SinIndexC >= SIN_TABLE_LEN)
```

```
    {
        SinIndexC -= SIN_TABLE_LEN;
    }
    if(RunState == 0)
    {
        Amp = (Urms_Ave << 11) * 1.6/VoltH;
    }
    temp = ((PWM_ARR + 1) >> 1);
    Duty[0] = ((((SinTable[SinIndexA] * Amp) >> 17) * temp) >> 11) + temp;
    Duty[1] = ((((SinTable[SinIndexB] * Amp) >> 17) * temp) >> 11) + temp;
    Duty[2] = ((((SinTable[SinIndexB] * Amp) >> 17) * temp) >> 11) + temp;
    PWM_SET_CCR3(Duty[0],Duty[1],Duty[2]);    //PWM 信号输出
}
```

遍历正弦表程序主要起到限幅作用,对相位序号为"SinIndexA""SinIndexB"和"SinIndexC"的三相电源起到限幅保护作用。

三相交流电源均流电路实验程序流程同图 12-2 所示单相交流电源均流电路实验程序流程。

12.2.3　三相交流电源均流电路实验过程

1) 实验要求

使用 X. Man 电力电子开发套件实现以下目标:

(1) 三相恒压源输出电压有效值为 24 V,开关频率为 50 kHz。

(2) 均流母线电流有效值为 4 A。

(3) 均流比设置为 1∶3、1∶1 和 3∶1。

(4) 负载电压 THD 和电流 THD 小于 2%。

(5) 电流相对误差小于 3%。

2) 实验器材

(1) 三相恒压源一个(一块核心开发板、一块液晶显示屏和三块通用半桥板)。

(2) 三相恒流源一个(一块核心开发板、一块液晶显示屏和三块通用半桥板)。

(3) 功率分析仪一台。

(4) 数字示波器一台。

(5) 直流稳压电源两台。

(6) 三相电阻负载一个。

(7) 杜邦线若干。

3) 实验设备连接

三相交流电源均流电路实验接线如图 12-6 所示。

两台直流稳压电源分别连接三相恒压源和三相恒流源的 VH 端(输入端)。三相恒压源的 VL 端(输出端)连接电阻负载,三相恒流源的 VL 端(输出端)连接三相恒压源的 VL 端(输

图 12-6 三相交流电源均流电路实验接线图

出端)。采用功率分析仪和数字示波器记录数据。其中,示波器需要显示三相恒压源的单相输出电压波形和三相恒流源的三相输出电流波形。

4) 实验步骤

三相恒压源输出线电压有效值为 24 V,均流母线电流为 4 A,设置电流均流比分别为 1:3、1:1 和 3:1。记录上述三种情况下的三相恒压源输出相电压有效值、输出相电流有效值、输出相电流误差、输出相电压 THD,以及三相恒流源输出相电压有效值、输出相电流有效值、输出相电流误差、输出相电流 THD。

5) 界面设置

根据实验要求,需要在液晶显示屏菜单界面添加输出电流有效值的设定值"Set_Irms"变量及其他相关参数,便于软件在线调参。在 X. Man 电力电子开发套件配套的代码源文件目录中找到"api\debug. c"文件。在"debug. c"文件中找到用户添加菜单里面的变量数组"MENU_MEMBER VarMenu[ ]",在其中添加想定义的参数。本实验中设置了如表 12-4 所示的菜单界面参数。

表 12-4 三相交流电源均流电路实验菜单界面参数

序号	名称	功 能
1	RunState	控制 PWM 开关输出
2	Set_Irms	设定电流有效值
3	ProtectIrms	电流有效值限幅值
4	Amp	输出电流幅值参数
5	Urms_Ave	U_{AB} 线电压有效值的平均值
6	CurrA	A 相电流
7	CurrB	B 相电流
8	VoltH	通用半桥板 VH 端电压采样值
9	K_VoltH	通用半桥板 VH 端电压采样比例系数

本实验中,三相交流电源均流电路实验功率分析仪参数见表 12-5。

表 12 - 5　三相交流电源均流电路实验功率分析仪参数

序号	名称	功　能
1	U_{1rms}	三相恒压源 A 相输出电压有效值
2	I_{1rms}	三相恒压源 A 相输出电流有效值
3	U_{1thd}	三相恒压源 A 相输出电压 THD
4	U_{2rms}	三相恒流源 A 相输出电压有效值
5	I_{2rms}	三相恒流源 A 相输出电流有效值
6	I_{2thd}	三相恒流源 A 相输出电流 THD

12.2.4　三相交流电源均流电路实验结果及分析

1）数据分析

三相交流电源均流电路实验数据见表 12 - 6,测量所得的波形如图 12 - 7 所示。

表 12 - 6　三相交流电源均流电路实验数据

三相恒压源 A 相电压有效值/V	三相恒压源 A 相电流有效值/A	三相恒压源 A 相电压误差/V	三相恒压源 A 相电压 THD/%
24.158	3.077	<±0.2	0.85
24.159	2.0249	<±0.2	0.88
24.158	1.0134	<±0.2	0.87

三相恒流源 A 相电压有效值/V	三相恒流源 A 相电流有效值/A	三相恒流源 A 相电流误差/%	三相恒流源 A 相电流 THD/%
2.2844	1.0268	2.68	2.39
4.4443	2.0444	2.22	1.31
6.4648	3.0458	1.52	1.10

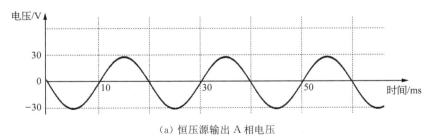

（a）恒压源输出 A 相电压

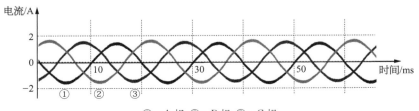

①—A 相;②—B 相;③—C 相
（b）均流电流输出线电流

图 12 - 7　三相交流电源均流电路实验波形图

2）实验数据指标达成

根据数据分析的结果可知,本实验最终完成以下主要指标:

（1）三相交流电源均流电路输出电压 THD 小于 2%。

（2）两支路电流误差均小于 0.1 A。

（3）母线电流误差小于 3%。

12.2.5 全国大学生电子设计竞赛真题设计指标参考

2017 年全国大学生电子设计竞赛微电网模拟系统（A 题）中要求:

（1）两个逆变器输出线电流的差值绝对值不大于 0.1 A。

（2）交流母线电压总谐波率小于 3%。

本章小结 ————

本章介绍了单相交流电源均流电路和三相交流电源均流电路的拓扑。继而使用两块核心开发板和四块通用半桥板完成了单相交流电源均流电路实验:其中一块核心开发板和两块通用半桥板构成电压源作为一条支路,另一组器件构成电流源作为另一条支路,两条支路的输出端都连接同一个电阻负载。同时使用两块核心开发板和六块通用半桥板完成了三相交流电源均流电路实验:其中一块核心开发板和三块通用半桥板构成三相电压源作为一条支路,另一组器件构成三相电流源作为另一条支路,两条支路的输出端都连接同一个三相电阻负载。均流电路实验的电路拓扑由两条支路构成,为了避免环流现象的产生,其中一条支路的逆变电路作为恒压源控制输出电压,另一条支路的逆变电路作为恒流源控制输出电流。均流电路实验的母线电流则由恒压源的输出电压和负载共同决定。恒流源的输出电流设定值不能大于母线电流,否则会导致电流反向流入恒流源,对电路造成损坏。

第 13 章

功率因数校正电路

本章内容

　　本章将介绍交流功率因数校正电路的工作原理,使用 X. Man 电力电子开发套件完成交流功率因数校正实验。交流功率因数校正实验的内容是设计一个 DC -AC - DC 变换电路,先将直流电逆变成交流电,再经过功率因数校正后整流成直流电。交流功率因数校正实验可以分为单相交流功率因数校正和三相交流功率因数校正。

本章要求

　　1. 了解交流功率因数校正的功能及其实际意义。

　　2. 掌握单相交流功率因数校正电路与三相交流功率因数校正电路拓扑及其工作原理。

　　3. 使用 X. Man 电力电子开发套件制作高精度的单相交流功率因数校正电路和三相交流功率因数校正电路。

13.1 单相交流功率因数校正电路

本节将介绍单相交流功率因数校正的原理,并基于 X. Man 电力电子开发套件完成单相交流功率因数校正电路实验。

13.1.1 单相交流功率因数校正电路概述

在交流电路中,将电压与电流之间的相位差 φ 的余弦值 $\cos\varphi$ 称为功率因数,它是衡量电路效率的重要指标之一。功率因数的物理意义可表示为有功功率 P 与视在功率 S 的比值,如式(13-1)所示:

$$\cos\varphi = \frac{P}{S} \tag{13-1}$$

功率因数越低,φ 的角度越大,有功功率越小,电路的效率越低。

在非理想情况下,感性电路中电流的相位总是滞后于电压,此时 $0° < \varphi < 90°$,负载大都呈现为感性负载,这是降低功率因数的根本原因。而功率因数校正的目的就是使电流与电压的相位相等,φ 的角度达到 $90°$,$\cos\varphi$ 的值为 1。

早在 20 世纪中叶,人们针对感性负载的交流用电设备功率因数校正问题就进行了研究。当电路中只有纯阻性负载或电路中的感抗和容抗相等时,功率因数的值等于 1。因此,当时提出的解决办法是在负载呈感性的用电设备上并联一个电容,使电路中的感抗与阻抗相等,利用电容上电流超前电压的特性来补偿感性负载上电流滞后电压的特性。

最初的功率因数校正只是为了使交流电路中电压与电流的相位相等,从而提升交流电路的效率。但是随着电力电子技术的发展,其意义也发生了变化。20 世纪 80 年代开始,随着开关电源的发展,大量的用电设备都采用了高效的开关电源。由于开关电源大多在整流后并联一个大容量的滤波电容,因此用电设备的负载特性呈现容性。滤波电容充电、放电作用使其两端的直流电压出现锯齿波的波纹,其最小电压远大于 0。根据整流二极管单相导通的原理,只有当交流电路中电压的瞬时值高于滤波电容两端的电压,整流二极管才会正向导通;而当交流电路的电压瞬时值小于滤波电容两端的电压时,整流二极管因反向偏置而截止。因此在交流电压的每半个周期内,二极管只有在电压峰值附近才会导通,这将导致交流电流呈现出高畸变的脉冲波形,全波整流后电流波形的脉冲波形如图 13-1 所示,从而使电路功率因数严重下降。因此,现代功率因数校正(power factor correction,PFC)技术,不仅要解决电压与电流存在的相位差问题,更要解决因容性负载导致电流波形严重畸变而产生的电磁干扰和电磁兼容问题。总而言之,现代 PFC 技术是针对非正弦电流波形畸变,迫使交流电路电流追踪电压波形,并使电流和电压保持相同的相位,使电路呈纯阻性的技术。

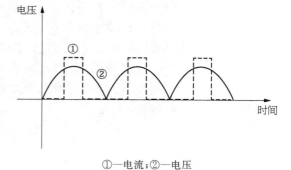

①—电流;②—电压

图 13-1 全波整流后电流波形的脉冲波形

13.1.2 单相交流功率因数校正电路理论分析

功率因数校正电路可分为无源功率因数校正电路和有源功率因数校正电路。

无源功率因数校正电路拓扑如图 13-2 所示,在整流桥和滤波大电容 C_1 之间增加一个电感 L_1,利用电感上电流不能突变的特性来获得平滑电流的脉冲波形,一方面可以改善电流波

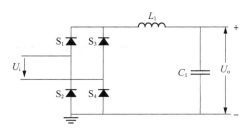

图 13 - 2　无源功率因数校正电路拓扑

形的畸变；另一方面也可以补偿容性负载电流超前电压的特性，使功率因数、电磁兼容和电磁干扰得到改善。但是这种成本低、设计简单的无源功率因数校正电路输出纹波较大，功率因数补偿的能力也不强。

有源功率因数校正电路则基本上可以完全消除电流波形的畸变，而且电压和电流的相位可以保持一致，基本解决功率因数偏低、电磁兼容和电磁干扰等问题。

本实验所设计的有源功率因数校正电路拓扑如图 13 - 3 所示，包括一个单相逆变电路、有源功率因数校正电路和电阻负载。单相逆变电路的输出端连接一个电阻负载，用来模拟交流电网，有源功率因数校正电路的输入端连接电网，输出端连接电阻负载。其中，单相逆变电路由一块核心开发板和两块通用半桥板组成，有源功率因数校正电路由一块核心开发板和两块通用半桥板组成。

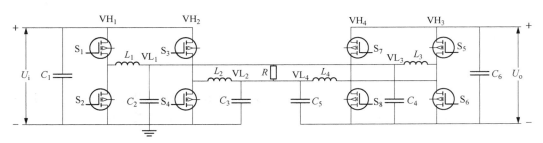

图 13 - 3　基于 X. Man 电力电子开发套件的有源功率因数校正电路拓扑

假设不对图中的有源功率因数校正电路的开关管进行控制，由通用半桥板的拓扑可知，此时两块通用半桥板可以看做是由四个二极管组成的整流桥。根据 13.1.1 节中的分析可知，当输入交流信号时，有源功率因数校正电路的输入电流会呈现出高脉冲的畸变波形。

当对有源功率因数校正电路的开关管进行控制时，希望电流完全由开关管进行控制，而不受其四个续流二极管的影响，这就需要保证通用半桥板输出端滤波电容的电压大于有源功率因数校正电路输入交流电压的峰值。一旦输入电压的瞬时值大于滤波电容两端的瞬时值，就会导致续流二极管正向偏置导通，使电流不完全由开关管控制，产生畸变。这种情况的波形如图 13 - 4 所示。

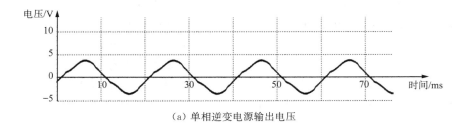

（a）单相逆变电源输出电压

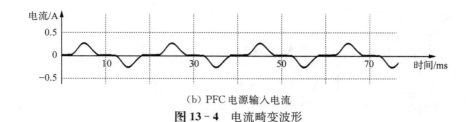

（b）PFC 电源输入电流

图 13-4 电流畸变波形

为了避免出现图 13-4 中的现象，要求有源功率因数校正电路滤波电容两端的电压始终大于输入端电网电压的峰值。因此有源功率因数校正电路需要对输入的模拟交流电网电压进行升压，在对功率因数进行校正的同时，最终完成 DC-AC-DC 变换。

13.1.3　单相交流功率因数校正电路实验程序分析

单相交流功率因数校正电路实验程序与单相交流电源均流电路实验程序非常相似。

从电路结构上分析，单相交流电源均流电路由恒压源、恒流源和电阻负载组成，恒压源模拟电网，恒流源并网，两者都是 VL 端输出。而在单相交流功率因数校正电路实验中，需要将恒流源的 VL 端变为输入端，VH 输变为输出端连接电阻负载，恒流源从电网获取信号。

从程序上分析，单相交流电源均流电路的恒流源作为输出，希望输出电压与输出电流相位相同。而在单相交流功率因数校正电路中，如果要让它的输出端变为输入端，只需要通过控制使其电压与电流的相位相差 180°即可。根据单相交流电路的功率公式 $P = UI\cos\varphi$ 可知，当 $\varphi = 0°$ 时，P 为正，电路呈输出状态；当 $\varphi = 180°$ 时，P 为负，电路呈输入状态。

```
//加载头文件
#include "includes.h"


//全局变量
#define ApkTaskWait()        {APK_Common();TASK_Wait();TASK_SetTimer(10);}
#define APK_FUN_ARG_LEN(10)          //函数参数个数最大值
#define PWM_AMP_MAX(1900)

s32 PwmFreq,Duty[PWM_PHASE_NUM],PwmDead,RunState,LcdBkLight;
s32 DacSetValue[DAC_CH_NUM];
s32 AdcRawData[ADC_CH_NUM];
s32 TaskTimeSec;
s32 debug_data[10];                  //相位数据记录
s32 GridOkFlag;                      //并网标识符
s32 SinOutFlag;                      //初次并网标识符

s32 VoltL[PWM_PHASE_NUM];            //半桥中点电压(mV)
s32 AC_VoltL[PWM_PHASE_NUM];         //交流相电压
s32 Urms_Ave;                        //输出线电压有效值
s32 Irms_Ave;                        //输出线电流有效值
s32 Curr[PWM_PHASE_NUM];             //半桥中点电流(mA)
s32 AC_Curr[PWM_PHASE_NUM];          //交流相电流
```

```
s32 GRID_SWITCH = 0;                    //并网开关
s32 IndexOffset;                        //相位偏置,用于锁相控制
s32 K_VoltL[PWM_PHASE_NUM];             //半桥中点电压系数
s32 K_Curr[PWM_PHASE_NUM];              //半桥中点电流系数
s32 B_Curr[PWM_PHASE_NUM];              //半桥中点电流偏置
s32 VoltH;                              //输入母线电压
s32 SIN_TABLE_LEN = 501;                //正弦表长度初始值(50 Hz)
s32 SinTable[1000];                     //正弦表
s32 Set_Irms;                           //输出线电流有效值设定值
s32 Set_ProtectIrms;                    //输出线电流有效值最大值
s32 Amp;                                //输出线电流幅值参数

s32 SinIndexA;                          //A 相正弦表序号
s32 SinIndexB;                          //B 相正弦表序号
s32 SinIndexC;                          //C 相正弦表序号

void ( * ptrApkTask)(void);             //任务指针
void ( * ptrApkTaskPre)(void);          //任务指针

void APK_Jump(void ( * apk_fun)(void));
void APK_Jump2Pre(void);
void APK_Common(void);
void Apk_Main(void);
void APK_Ctrl(void);

//AD 采样计算程序
void APK_VoltCurrCalc(void)
{
    Curr[0] = (GET_AD_CH1_RAW_DATA − B_Curr[0]) * K_Curr[0]/1000;
    Curr[1] = (GET_AD_CH3_RAW_DATA − B_Curr[1]) * K_Curr[1]/1000;//
牺牲一路电流采集输入电压用于计算并网时电流源的初始输出防止瞬时短路
    VoltH = GET_AD_CH6_RAW_DATA * K_Curr[2]/1000;
    VoltL[0] = GET_AD_CH1_RAW_DATA * K_VoltL[0]/1000;
    VoltL[1] = GET_AD_CH3_RAW_DATA * K_VoltL[1]/1000;
    VoltL[2] = GET_AD_CH5_RAW_DATA * K_VoltL[2]/1000;}

//正弦表初始化
void APK_SINTAB_Init()
{
    s32 i;
    SIN_TABLE_LEN = 200;
```

```
        for(i = 0;i < SIN_TABLE_LEN;i++)
        {
            SinTable[i] = ((i < SIN_TABLE_LEN/2) ? (1) : (-1)) * (pow(fabs(sin
(2 * 3.141592653 * i/SIN_TABLE_LEN)),0.97)) * (1<<17);
        }
        SinIndexA = 0;
        SinIndexB = SIN_TABLE_LEN * 1/2;
        }
```

本实验的正弦表初始化函数中,设定正弦表的长度"SIN_TABLE_LEN = 200",对应的正弦频率为 50 Hz 保持不变。

```
//控制程序参数声明
s32 volt_a;                          //半桥板 1 输入电压
s32 volt_b;                          //半桥板 2 输入电压
s32  volt_ab;                        //输入电压
s32 set_curr;                        //设定输入电流
s32 curr_a;                          //半桥板 1 输入电流
s32 curr_b;                          //半桥板 2 输入电流
s32 curr_ba;                         //B 相电流与 A 相电流的差
static long long urms_ab;            //输入电压有效值
static long long usum;
static long long irms_a;             //输入电流有效值
static s32 cnt_v = 0;                //电压检测计数器
static s3 cnt_c = 0;                 //电流检测计数器
static s32 time_out = 0;             //电网检测计数器
static s32 dir_v = 0;                //电压正负周期标识符
static s32 dir_c = 0;                //电流正负周期标识符
static s32 width_hi;                 //正半周期长度
static s32 width_low = 0;            //负半周期长度
static s32 width_cnt;                //半周期时间
s32 period;                          //周期时间
static s32 diffc_cnt=0;              //电压过零检测计数器
static s32 diffv_cnt=0;              //电流过零检测计数器
static s32 diffcv_cnt=0;             //电压电流相位差
s32 temp;
s32 sync;                            //并网标识符
s32 diff = 0;                        //输入电压
s32 IndexOffset;                     //相位偏置,用于锁相控制
s32 GridOkFlag;                      //电网检测标识符
s32 SinOutFlag;                      //并网标识符
APK_VoltCurrCalc();                  //AD 采样值计算
```

```
volt_a = VoltL[0];
volt_b = VoltL[1];
volt_c = VoltL[2];

curr_a = Curr[0];
curr_b = Curr[1];
//AB相线电流的差
curr_ba = APK_Mean3(curr_b - curr_a);
voltab = APK_Mean1(volt_a - volt_b,0);
diff = voltab;
//计算一个周期内输入电压与电流的平方和
urms_ab += (volt_a - volt_b) * (volt_a - volt_b);
irms_a += curr_a * curr_a;

//测量正负半周时间
if(width_cnt < 110)
    {
        width_cnt++;
    }
    else
    {
        time_out = 0;
        GridOkFlag = 0;
        PWM_STOP();
    }
    sync = 0;
```

在正弦表初始换函数中规定了正弦表的长度为200,因此一个周期的长度为200,半个周期的长度为100。在测量正负半周周期时,计数器"width_cnt"的最大值设定为109,留有一定的余量。

```
//电压检测程序
if(cnt_v)                                    //防止过零抖动
    {
        cnt_v--;
    }
    else if(cnt_v <= 0)
    {
        if(dir_v <= 0)                       //负半周期,上升沿过零检测
        {
            if(diff > 0)                     //上升沿过零
```

```
            {
                dir_v = 1;                          //上升沿
                cnt_v = 50;                         //设定50个控制周期执行一次
                width_low = width_cnt;              //负半周期长度
                width_cnt = 0;
                period = width_low + width_hi;      //全周期长度
                //检测电网是否正常
        if((width_low >= 90) && (width_low <= 110) && (width_hi >= 90) &&
(width_hi <= 110) && ((period >= 190) && (period <= 210)))
                {
                    if(time_out < 150)
                    {
                        time_out++;
                    }
                    else                            //150个控制周期内电网都保持
正常
                    {
                        GridOkFlag = 1;
                    }
                    sync = 1;
                }
                else
                {
                    //关闭并网
                    PWM_STOP();
                    time_out = 0;
                    GridOkFlag = 0;
                    SinOutFlag = 0;
                }
            }
        }
        else                                        //正半周期,下降沿过零检测
        {
            if(diff < 0)                            //下降沿过零
            {
                dir_v = -1;                         //正半周期标识位
                cnt_v = 50;                         //50个控制周期执行一次
                width_hi = width_cnt;               //正半周期时间
                width_cnt = 0;
                sync = 1;
            }
```

```
        }
    }
```

电压检测程序与单相交流均流实验一致。

```
//电流检测程序
    if(cnt_c)                            //防止过零抖动
    {
        cnt_c——;
    }
    else
    {
        if(SinOutFlag == 1)
        {
            if(dir_c <= 0)          //电流处于负半周期
            {
                if(curr_ba > 0)   //上升沿检测
                {
                    dir_c = 1;
                    cnt_c = 50;   //设定每50个控制周期执行
                }
            }
            else if(dir_c >= 0)     //电流处于正半周期
            {
                if(curr_ba < 0)   //下降沿检测
                {
                    dir_c = —1;
                    cnt_c = 50;
                }
            }
        }
    }
```

在单相交流功率因数校正电路实验中,恒流源的 VL 端需要作为输入端口,因此需要将相位检测中的电流相位反相 $180°$。在单相交流电源均流电路实验的电流检测程序中,电流上升沿的检测对象是 A 相的电流"curr_a"。而在本实验中,需要电压与电流的相位角为 $180°$,使功率因数校正电路从电网中获取电流,因此,在电流检测电路中的上升沿检测对象为 B 相电流与 A 相电流的差"curr_ba"。

```
//闭环并网程序
    if(GridOkFlag <= 0)                              //检测电网状态是否正常
    {
        sync = 0;
```

```
        }
        else if(sync)                                      //电网状态正常
        {
            if(dir_v == 1)                                 //电压处于正半周期
    {
    //计算上个周期电压和电流的有效值
            AC_VoltL[0] = APK_sqrt_fast(urms_ab/SIN_TABLE_LEN );
            Urms_Ave = AC_VoltL[0];
            AC_Curr[0] = APK_sqrt_fast(irms_a/SIN_TABLE_LEN);
            if(RunState == 1)
            {
                if(SinOutFlag == 0)                        //初次并网
                {
                    PWM_START();                           //PWM 输出
                    SinIndexA = 0 + IndexOffset;
                    SinOutFlag = 1;                        //并网标识符置 1
                }
                else
                {
                    if(AC_Curr[0] > Set_ProtectIrms) //限流保护
                    {
                        RunState = 0;
                        PWM_STOP();
                        SinOutFlag = 0;
                    }
                    debug_data[3] = SinIndexA;             //显示逆变器 A 相相位
                }
            }
            else
            {
                PWM_STOP();
                SinOutFlag = 0;
            }
            irms_a = 0;
            urms_ab = 0;
        }
    }
//并网程序与单相交流均流电源一致

//锁相程序
if(dir_c == 1)                                              //输入电流上升沿
```

```
{
    if(diffc_cnt < 50)                              //相位差开始计数
    {
        diffc_cnt++;
    }
    LED1_ON();
}
else
{
    LED1_OFF();
    diffc_cnt = 0;
}
if(dir_v == 1)                                      //输入电压上升沿
{
    LED3_OFF();
    if(diffv_cnt < 50)                              //相位差开始计数
    {
        diffv_cnt++;
    }
}
else
{
    LED3_ON();
    diffv_cnt = 0;
}
//当输入AB相电流差与输入电压都产生上升沿时,计算此时的相位差
if(diffc_cnt > 0 && diffv_cnt > 0)
{
    diffcv_cnt = APK_Mean2(diffc_cnt - diffv_cnt,0);//相位差滤波
    debug_data[2] = diffcv_cnt;
    if(diffc_cnt < 30 && diffv_cnt < 30)
    {
        //电流超前电压一定相位
        if(diffcv_cnt >= 2 && (diffc_cnt - diffv_cnt) >= 3)
        {
            SinIndexA --;                           //向后调节电流相位
        }
        //电流滞后电压一定相位
        else if(diffcv_cnt < -2)
        {
            SinIndexA ++;                           //向前调节电流相位
```

```
            }
        }
        diffc_cnt = 0;                          //电流相位差清零
        diffv_cnt = 0;                          //电压相位差清零
    }
//锁相程序与单相交流均流电源一致。


//遍历正弦表
SinIndexA++;
    SinIndexB = SinIndexA + SIN_TABLE_LEN/2;
    while(SinIndexA < 0)                        //限幅
    {
        SinIndexA += SIN_TABLE_LEN;
    }
    while(SinIndexA >= SIN_TABLE_LEN)
    {
        SinIndexA -= SIN_TABLE_LEN;
    }
    while(SinIndexB < 0)
    {
        SinIndexB += SIN_TABLE_LEN;
    }
    while(SinIndexB >= SIN_TABLE_LEN)
    {
        SinIndexB -= SIN_TABLE_LEN;
    }
    if(RunState == 0)
    {
        Amp = (Urms_Ave << 11) * 1.65/VoltH;
        IndexOffset = 4;                        //相位偏置设置为4
    }
    temp = ((PWM_ARR + 1) >> 1);
    Duty[0] = (((((SinTable[SinIndexA] * Amp) >> 17) * temp) >> 11) + temp;
    Duty[1] = (((((SinTable[SinIndexB] * Amp) >> 17) * temp) >> 11) + temp;
    Duty[2] = (PWM_ARR + 1) * 90/100;
    PWM_SET_CCR3(Duty[0],Duty[1],Duty[2]);      //PWM信号输出
}
```

遍历正弦表程序主要起到限幅作用,对相位序号为"SinIndexA"和"SinIndexB"的两个逆变器半桥板起到限幅保护作用。

单相交流功率因数校正电路实验程序流程图如图13-5所示。

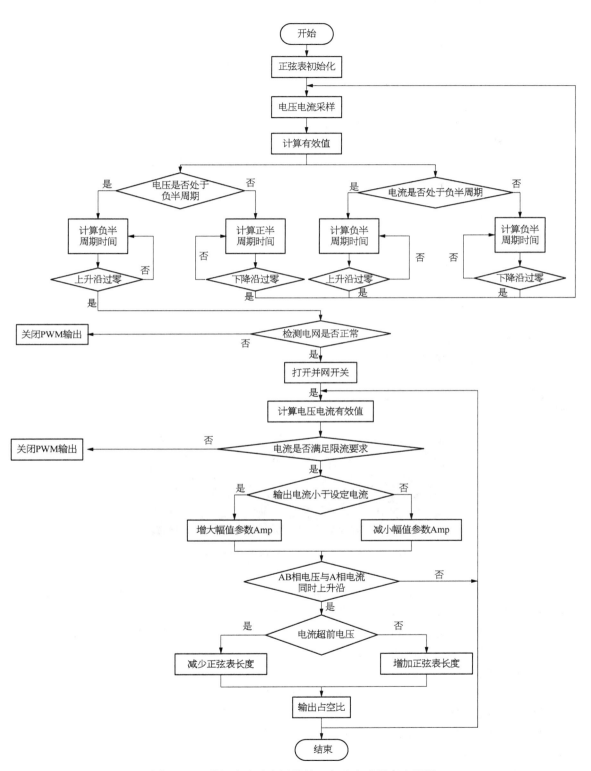

图 13 - 5　单相交流功率因数校正电路实验程序流程图

13.1.4　单相交流功率因数校正电路实验过程

1）实验要求

使用 X. Man 电力电子开发套件实现以下目标：

（1）恒压源输出电压有效值为 5 V，开关频率为 50 kHz。

（2）恒压源输出电压 THD 小于 2%。

（3）功率因数校正电路输入电流 THD 小于 2%。

（4）功率因数校正电路输入功率因数大于 0.98。

2）实验器材

（1）恒压源一个（一块核心开发板、一块液晶显示屏和两块通用半桥板）。

（2）单相交流功率因数校正电路一个（一块核心开发板、一块液晶显示屏和两块通用半桥板）。

（3）功率分析仪一台。

（4）数字示波器一台。

（5）直流稳压电源两台。

（6）直流电子负载一台。

（7）电阻负载一个。

（8）杜邦线若干。

3）实验设备连接

单相交流功率因数校正电路实验接线如图 13 - 6 所示。

图 13 - 6　单相交流功率因数校正电路实验接线图

直流稳压电源连接稳压源的 VH 端（输入端），稳压源的 VL 端（输出端）连接电阻负载，构成模拟交流电网。单相 PFC 电路的 VL 端（输入端）接入交流电网，VH 端（输出端）连接直流电子负载。采用功率分析仪和数字示波器记录数据。其中，示波器需要显示稳压源的输出电压波形和单相 PFC 电路的输出电流波形。

4）实验步骤

调整输出电压有效值为 5 V，记录此时恒压源输出电压有效值、输出电流有效值、输出电压 THD 及输出功率因数，功率因数校正电路的输入电压有效值、输入电流有效值、输入电流 THD 和输入功率因数。关闭功率因数校正电路的 PWM 控制信号，记录此时的恒压源输出功率因数，对比功率因数调整的效果。

5）界面设置

根据实验要求，需要在液晶显示屏菜单界面添加输出电压有效值"Urms_Ave"变量及其他相关参数,便于软件在线调参。在 X. Man 电力电子开发套件配套的代码源文件目录中找到"api\debug. c"文件。在"debug. c"文件中找到用户添加菜单里面的变量数组"MENU_MEMBER VarMenu[ ]",在其中添加需要定义的参数。本实验中设置了如表 13-1 所示的菜单界面参数。

表 13-1 单相交流功率因数校正电路实验菜单界面参数

序号	名 称	功 能
1	RunState	控制 PWM 开关输出
2	IndexOffset	相位偏置
3	ProtectIrms	电流有效值限幅值
4	Amp	输出电压幅值
5	Urms_Ave	输出电压有效值的平均值
6	CurrA	通用半桥板 1 电流
7	CurrB	通用半桥板 2 电流
8	VoltH	VH 端电压采样值
9	K_VoltH	VH 端电压采样比例系数

本实验中,单相交流功率因数校正电路实验功率分析仪参数见表 13-2。

表 13-2 单相交流功率因数校正电路实验功率分析仪参数

序号	名 称	功 能
1	U_{1rms}	恒压源输出电压有效值
2	I_{1rms}	恒压源输出电流有效值
3	U_{1thd}	恒压源输出电压 THD
4	λ_1	恒压源输出功率因数
5	U_{2rms}	PFC 电路输入电压有效值
6	I_{2rms}	PFC 电路输入电流有效值
7	U_{2thd}	PFC 电路输入电压 THD
8	λ_2	PFC 电路输入功率因数

13.1.5 单相交流功率因数校正电路实验结果及分析

1)数据分析

单相交流功率因数校正电路实验数据见表 13-3,测量所得的波形如图 13-7 所示。

表 13 - 3 单相交流功率因数校正电路实验数据

恒压源输出电压/V	恒压源输出电流/A	恒压源输出电压 THD/%	恒压源输出功率因数
5.061	2.685 1	1.83	0.866 60
PFC 电路输入电压/V	PFC 电路输入电流/A	PFC 电路输入电流 THD/%	PFC 电路输入功率因数
4.311	1.945 1	15.30	0.972 27

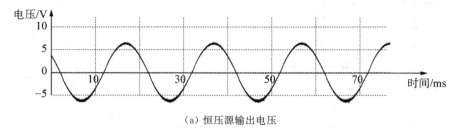

（a）恒压源输出电压

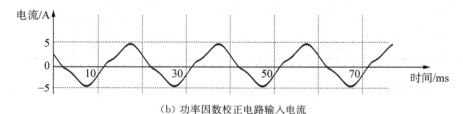

（b）功率因数校正电路输入电流

图 13 - 7 单相交流功率因数校正电路实验波形图

2）实验数据指标达成

根据实验分析的结果可知，本实验最终完成以下主要指标：

（1）稳压源输出电压 THD 小于 2%。

（2）功率因数校正电路输入电流 THD 小于 2%。

（3）功率因数校正电路输入功率因数大于 0.97。

13.2 三相交流功率因数校正电路

本节将介绍三相交流功率因数校正的原理，并基于 X. Man 电力电子开发套件完成三相交流功率因数校正电路实验。

13.2.1 三相交流功率因数校正电路理论分析

三相交流功率因数校正电路与单相交流功率因数校正电路原理类似，即在单相交流功率因数校正电路拓扑的基础上将单相恒压源变为三相恒压源，并连接三相星形负载。

将单相功率因数校正电路转换为三相功率因数校正电路，就构成了三相交流功率因数校正电路的拓扑，如图 13 - 8 所示。

13.2.2 三相交流功率因数校正电路实验程序分析

三相交流功率因数校正电路实验需要用到两块核心开发板，一块用作构成三相恒压源，另一块用作构成三相功率因数校正电路。三相恒压源的程序与第 10 章三相逆变电路完全一致，

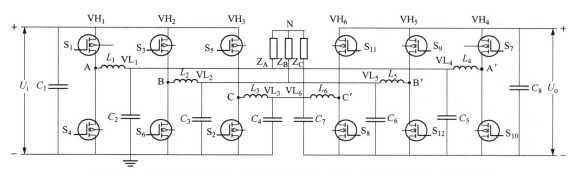

图 13-8　基于 X. Man 电力电子开发套件的三相交流功率因数校正电路拓扑

以下主要对三相功率因数校正电路进行程序分析。

　　三相功率因数校正电路的程序主要分为电压检测程序、电流检测程序、并网程序和锁相环程序。电压检测程序用于检测电压相位,电流检测程序用于检测电流相位,并网程序将两部分电路进行并网,锁相环程序使三相恒压源的输出电压与三相功率因数校正电路的输入电流相位保持一致。

```
//正弦表初始化
void APK_SINTAB_Init()
{
    s32 i;
    SIN_TABLE_LEN = 200;
    for(i = 0;i < SIN_TABLE_LEN;i++)
    {
SinTable[i] = ((i < SIN_TABLE_LEN/2) ? (1) :(-1)) * (pow(fabs(sin(2 *
3.141592653 * i/SIN_TABLE_LEN)),0.97)) * (1<<17);
    }
    SinIndexA = 0;
    SinIndexB = SIN_TABLE_LEN * 1/2;
}
```

　　本实验的正弦表初始化函数中,设定正弦表的长度“SIN_TABLE_LEN = 200”,对应的正弦频率为 50 Hz 保持不变。

```
//加载头文件
#include "includes. h"

//全局变量
#define  ApkTaskWait()        {APK_Common();TASK_Wait();TASK_SetTimer
(10);}
#define APK_FUN_ARG_LEN(10)              //函数参数个数最大值
#define PWM_AMP_MAX(1900)
```

```
s32 PwmFreq,Duty[PWM_PHASE_NUM],PwmDead,RunState,LcdBkLight;
s32 DacSetValue[DAC_CH_NUM];
s32 AdcRawData[ADC_CH_NUM];
s32 TaskTimeSec;
s32 debug_data[10];                          //相位数据记录
s32 GridOkFlag;                              //并网标识符
s32 SinOutFlag;                              //初次并网标识符

s32 VoltL[PWM_PHASE_NUM];                    //半桥中点电压(mV)
s32 AC_VoltL[PWM_PHASE_NUM];                 //交流相电压
s32 Urms_Ave;                                //输出线电压有效值平均值
s32 Irms_Ave;                                //输出线电流有效值平均值
s32 Curr[PWM_PHASE_NUM];                     //半桥中点电流(mA)
s32 AC_Curr[PWM_PHASE_NUM];                  //交流相电流
s32 GRID_SWITCH = 0;                         //并网开关
s32 IndexOffset;                             //相位偏置,用于锁相控制
s32 K_VoltL[PWM_PHASE_NUM];                  //半桥中点电压系数
s32 K_Curr[PWM_PHASE_NUM];                   //半桥中点电流系数
s32 B_Curr[PWM_PHASE_NUM];                   //半桥中点电流偏置
s32 VoltH;                                   //输入母线电压
s32 SIN_TABLE_LEN = 501;                     //正弦表长度初始值(50 Hz)
s32 SinTable[1000];                          //正弦表
s32 Set_Irms;                                //输出线电流有效值设定值
s32 Set_ProtectIrms;                         //输出线电流有效值最大值
s32 Amp;                                     //输出线电流幅值参数

s32 SinIndexA;                               //A相正弦表序号
s32 SinIndexB;                               //B相正弦表序号
s32 SinIndexC;                               //C相正弦表序号

void (*ptrApkTask)(void);                    //任务指针
void (*ptrApkTaskPre)(void);                 //任务指针

void APK_Jump(void (*apk_fun)(void));
void APK_Jump2Pre(void);
void APK_Common(void);
void Apk_Main(void);
void APK_Ctrl(void);

//AD采样计算程序
void APK_VoltCurrCalc(void)
```

```
{
    Curr[0] = (GET_AD_CH1_RAW_DATA - B_Curr[0]) * K_Curr[0]/1000;
    Curr[1] = (GET_AD_CH3_RAW_DATA - B_Curr[1]) * K_Curr[1]/1000;//
```
牺牲一路电流采集输入电压用于计算并网时电流源的初始输出防止瞬时短路
```
    VoltH = GET_AD_CH6_RAW_DATA * K_Curr[2]/1000;
    VoltL[0] = GET_AD_CH1_RAW_DATA * K_VoltL[0]/1000;
    VoltL[1] = GET_AD_CH3_RAW_DATA * K_VoltL[1]/1000;
    VoltL[2] = GET_AD_CH5_RAW_DATA * K_VoltL[2]/1000;}
```

```
//控制程序参数声明
s32 volt_a;                          //半桥板1输出电压
s32 volt_b;                          //半桥板2输出电压
s32 volt_c;                          //半桥板3输出电压
s32 set_curr;                        //设定输出电流
s32 curr_a;                          //半桥板1输出电流
s32 curr_b;                          //半桥板2输出电流
s32 curr_c;                          //半桥板2输出电流
static long long urms_ab;
static long long urms_ac;
static long long urms_bc;            //输出电压有效值
static long long usum;
static long long irms_a;
static long long irms_b;
static long long irms_c;             //输出电流有效值
statics32 voltab;
static s32 cnt_v = 0;                //电压检测计数器
static s3 cnt_c = 0;                 //电流检测计数器
static s32 time_out = 0;             //电网检测计数器
static s32 dir_v = 0;                //电压正负周期标识符
static s32 dir_c = 0;                //电流正负周期标识符
static s32 width_hi;                 //正半周期长度
static s32 width_low = 0;            //负半周期长度
static s32 width_cnt;                //半周期时间
s32 period;                          //周期时间
static s32 diffc_cnt=0;              //电压过零检测计数器
static s32 diffv_cnt=0;              //电流过零检测计数器
static s32 diffcv_cnt=0;             //电压电流相位差
s32 temp;
s32 sync;                            //并网标识符
s32 diff = 0;                        //输出电压
s32 IndexOffset;                     //相位偏置,用于锁相控制
```

```
s32 GridOkFlag;                                    //电网检测标识符
s32 SinOutFlag;                                    //并网标识符
APK_VoltCurrCalc();                                //AD采样值计算

//读取三相电压电流瞬时值
volt_a = VoltL[0];
volt_b = VoltL[1];
volt_c = VoltL[2];

curr_ab =APK_Mean3(Curr[0] - Curr[1],0)
voltab = APK_Mean1(volt_a - volt_b,0);

diff = voltab;
//计算一个周期内三相电压电流瞬时值的平方和
urms_ab += (volt_a - volt_b) * (volt_a - volt_b);
irms_a += Curr[0] * Curr[0];
irms_b += Curr[1] * Curr[1];

//电压电流采集计算
void APK_VoltCurrCalc(void)
{
    Curr[0] = (GET_AD_CH2_RAW_DATA - B_Curr[0]) * K_Curr[0]/1000;
    Curr[1] = (GET_AD_CH4_RAW_DATA - B_Curr[1]) * K_Curr[1]/1000;
//牺牲一路电流用来采集输入电压用于计算并网时电流源的初始输出
    VoltH = GET_AD_CH6_RAW_DATA * K_Curr[2]/1000;
    VoltL[0] = GET_AD_CH1_RAW_DATA * K_VoltL[0]/1000;
    VoltL[1] = GET_AD_CH3_RAW_DATA * K_VoltL[1]/1000;
    VoltL[2] = GET_AD_CH5_RAW_DATA * K_VoltL[2]/1000;
}

//测量正负半周时间
if(width_cnt < 110)
    {
        width_cnt++;
    }
    else
    {
        time_out = 0;
        GridOkFlag = 0;
        PWM_STOP();
    }
```

```
        sync = 0;
```

在正弦表初始化函数中规定了正弦表的长度为 200，因此一个周期的长度为 200，半个周期的长度为 100。在测量正负半周周期时，计数器"width_cnt"的最大值设定为 109，留有一定的余量。

```
//电压检测程序
if(cnt_v)                                        //防止过零抖动
    {
        cnt_v－－;
    }
    else if(cnt_v <= 0)
    {
        if(dir_v <= 0)                           //负半周期,上升沿过零检测
        {
            if(diff > 0)                         //上升沿过零
            {
                dir_v = 1;                       //上升沿
                cnt_v = 50;                      //设定 50 个控制周期执行一次
                width_low = width_cnt;           //负半周期长度
                width_cnt = 0;
                period = width_low + width_hi;   //全周期长度
                //检测电网是否正常
    if((width_low >= 90) && (width_low <= 110) && (width_hi >= 90) &&
(width_hi <= 110) && ((period >= 190) && (period <= 210)))
                {
                    if(time_out < 150)
                    {
                        time_out++;
                    }
                    else                         //150 个控制周期内电网都保持
正常
                    {
                        GridOkFlag = 1;
                    }
                    sync = 1;
                }
                else
                {
                    //关闭并网
                    PWM_STOP();
                    time_out = 0;
```

```
                    GridOkFlag = 0;
                    SinOutFlag = 0;
                }
            }
        }
        else                                    //正半周期,下降沿过零检测
        {
            if(diff < 0)                         //下降沿过零
            {
                dir_v = -1;                      //正半周期标识位
                cnt_v = 50;                      //50 个控制周期执行一次
                width_hi = width_cnt;            //正半周期时间
                width_cnt = 0;
                sync = 1;
            }
        }
    }

//电流检测程序
    if(cnt_c)                                    //防止过零抖动
    {
        cnt_c--;
    }
    else
    {
        if(SinOutFlag == 1)
        {
            if(dir_c <= 0)                       //电流处于负半周期
            {
                if(curr_a > 0)                   //上升沿检测
                {
                    dir_c = 1;
                    cnt_c = 50;                   //设定每 50 个控制周期执行
                }
            }
            else if(dir_c >= 0)                  //电流处于正半周期
            {
                if(curr_a < 0)                   //下降沿检测
                {
                    dir_c = -1;
                    cnt_c = 50;
```

```
                    }
                }
            }
        }
```

三相功率因数校正电路的电压检测程序、电流检测程序与单相功率因数校正电路一致。对 U_{AB} 线电压与 A 相电流进行正负半周期的时长检测与过零检测。

```
//闭环并网程序
    if(GridOkFlag <= 0)                          //检测电网状态是否正常
    {
        sync = 0;
    }
    else if(sync)                                //电网状态正常
    {
        if(dir_v == 1)                           //电压处于正半周期
{
//计算上个周期电压和电流的有效值
//U_AB 线电压有效值
            AC_VoltL[0] = APK_sqrt_fast(urms_ab/SIN_TABLE_LEN );
            Urms_Ave = AC_VoltL[0];
            //A 相电流有效值
            AC_Curr[0] = APK_sqrt_fast(irms_a/SIN_TABLE_LEN) ;
            //B 相电流有效值
AC_Curr[1] = APK_sqrt_fast(irms_b/SIN_TABLE_LEN) ;
Irms_Ave = (AC_Curr[0] + AC_Curr[1])/2;
            if(RunState == 1)
            {
                if(SinOutFlag == 0)              //初次并网
                {
                    PWM_START();                 //PWM 输出
                    SinIndexA = 0 + IndexOffset;
                    SinOutFlag = 1;              //并网标识符置1
                }
                else
                {
                    if(AC_Curr[0] > Set_ProtectIrms) //限流保护
                    {
                        RunState = 0;
                        PWM_STOP();
                        SinOutFlag = 0;
                    }
```

```
            else
            {
                //设定电流小于输出电流
                if(Set_Irms < Irms_Ave)
                {
                    if(Amp > 1)
                    {
                        Amp――;              //减小输出电流幅值
                    }
                }
                //设定电流大于输出电流
                else if(Set_Irms > Irms_Ave)
                {
                    if(Amp < 1900)
                    {
                        Amp++;              //增大输出电流幅值
                    }
                }
                debug_data[3] = SinIndexA;   //显示逆变电路 A 相相位
            }
        }
        else
        {
            PWM_STOP();
            SinOutFlag = 0;
        }
        irms_a = 0;
        irms_b = 0;
        urms_ab = 0;
    }
}
```

三相功率因数校正电路的并网程序针对 A 相电流有效值"AC_Curr[0]"进行电流闭环调节。

```
//锁相程序
if(dir_c == 1)                              //输出电流上升沿
{
    if(diffc_cnt < 50)                      //相位差开始计数
    {
        diffc_cnt++;
    }
```

```
        LED1_OFF();
    }
    else
    {
        LED1_ON();
        diffc_cnt = 0;
    }
    if(dir_v == 1)                              //输出电压上升沿
    {
        LED3_OFF();
        if(diffv_cnt < 50)                      //相位差开始计数
        {
            diffv_cnt++;
        }
    }
    else
    {
        LED3_ON();
        diffv_cnt = 0;
    }
    //当输出电流与输出电压都产生上升沿时,计算此时的相位差
    if(diffc_cnt > 0 && diffv_cnt > 0)
    {
        diffcv_cnt = APK_Mean2(diffc_cnt - diffv_cnt,0);//相位差滤波
        debug_data[2] = diffcv_cnt;
        if(diffc_cnt < 30 && diffv_cnt < 30)
        {
            //电流超前电压一定相位
            if(diffcv_cnt >= 3 && (diffc_cnt - diffv_cnt) >= 4)
            {
                SinIndexA --;                   //向后调节电流相位
            }
            //电流滞后电压一定相位
            else if(diffcv_cnt < -4)
            {
                SinIndexA ++;                   //向前调节电流相位
            }
        }
        diffc_cnt = 0;                          //电流相位差清零
        diffv_cnt = 0;                          //电压相位差清零
    }
```

三相功率因数校正电路实验的锁相程序与单相功率因数校正电路实验的锁相程序相似，这里需要注意的是，在三相功率因数校正实验中可以适当增加相位检测的死区范围，使输出波形更稳定。

```
//遍历正弦表
SinIndexA++;
    SinIndexB = SinIndexA + SIN_TABLE_LEN/2;
    while(SinIndexA < 0)                            //限幅
    {
        SinIndexA += SIN_TABLE_LEN;
    }
    while(SinIndexA >= SIN_TABLE_LEN)
    {
        SinIndexA -= SIN_TABLE_LEN;
    }
    while(SinIndexB < 0)
    {
        SinIndexB += SIN_TABLE_LEN;
    }
    while(SinIndexB >= SIN_TABLE_LEN)
    {
        SinIndexB -= SIN_TABLE_LEN;
    }
while(SinIndexC < 0)
    {
        SinIndexC += SIN_TABLE_LEN;
    }
    while(SinIndexC >= SIN_TABLE_LEN)
    {
        SinIndexC -= SIN_TABLE_LEN;
    }
    if(RunState == 0)
    {
        Amp = (Urms_Ave << 11) * 1.6/VoltH;
    }
    temp = ((PWM_ARR + 1) >> 1);
    Duty[0] = (((((SinTable[SinIndexA] * Amp) >> 17) * temp) >> 11) + temp;
    Duty[1] = (((((SinTable[SinIndexB] * Amp) >> 17) * temp) >> 11) + temp;
    Duty[2] = (((((SinTable[SinIndexB] * Amp) >> 17) * temp) >> 11) +
```

temp；

  PWM_SET_CCR3(Duty[0]，Duty[1]，Duty[2])；   //PWM 信号输出

}

遍历正弦表程序主要起到限幅作用,对相位序号为"SinIndexA""SinIndexB"和"SinIndexC"的三相功率因数校正电路起到限幅保护作用。

三相交流功率因数校正电路实验程序流程同图 13-5 所示单相交流功率因数校正电路实验程序流程。

13.2.3　三相交流功率因数校正电路实验过程

1) 实验要求

使用 X. Man 电力电子开发套件实现以下目标:

(1) 三相恒压源输出电压有效值为 5 V,开关频率为 50 kHz。

(2) 三相恒压源输出电压 THD 小于 2%。

(3) 三相功率因数校正电路输入电流 THD 小于 2%。

(4) 三相功率因数校正电路输入功率因数均大于 0.98。

2) 实验器材

(1) 三相恒压源一个(一块核心开发板、一块液晶显示屏和三块通用半桥板)。

(2) 三相功率因数校正电路一个(一块核心开发板、一块液晶显示屏和三块通用半桥板)。

(3) 功率分析仪一台。

(4) 数字示波器一台。

(5) 直流稳压电源两台。

(6) 直流电子负载一台。

(7) 三相电阻负载一个。

(8) 杜邦线若干。

3) 实验设备连接

三相交流功率因数校正电路实验接线如图 13-9 所示。

图 13-9　三相交流功率因数校正电路实验接线图

  直流稳压电源连接三相恒压源的 VH 端(输入端),三相恒压源的 VL 端(输出端)连接星形三相电阻负载,构成交流电网。三相 PFC 电源的 VL 端(输入端)连接交流电网,VH 端(输出端)连接直流电子负载。采用功率分析仪和数字示波器记录数据。其中,示波器需要显示三相恒压源单相输出电压波形和三相 PFC 电源的三相输入电流波形。

4) 实验步骤

调整输出电压有效值为 5 V,记录此时三相恒压源 A 相输出电压有效值、输出电流有效

值、输出电压 THD 及输出功率因数,三相功率因数校正电路输入电压有效值、输入电流有效值、输入电流 THD 和输入功率因数。关闭功率因数校正电路的 PWM 控制信号,记录此时的恒压源输出功率因数,对比功率因数调整的效果。

5)界面设置

根据实验要求,需要在液晶显示屏菜单界面添加输出电压有效值"Urms_Ave"变量及其他相关参数,便于软件在线调参。在 X. Man 电力电子开发套件配套的代码源文件目录中找到"api\debug. c"文件。在"debug. c"文件中找到用户添加菜单里面的变量数组"MENU_MEMBER VarMenu[ ]",在其中添加想定义的参数。本实验中设置了如表 13 - 4 所示的菜单界面参数。

表 13 - 4　三相交流功率因数校正电路实验菜单界面参数

序号	名称	功　能
1	RunState	控制 PWM 开关输出
2	IndexOffset	相位偏置
3	ProtectIrms	电流有效值限幅值
4	Amp	输出电压幅值
5	Urms_Ave	输出电压有效值的平均值
6	CurrA	通用半桥板 1 电流
7	CurrB	通用半桥板 2 电流
8	VoltH	VH 端电压采样值
9	K_VoltH	VH 端电压采样比例系数

本实验中,三相交流功率因数校正电路实验功率分析仪参数见表 13 - 5。

表 13 - 5　三相交流功率因数校正电路实验功率分析仪参数

序号	名称	功　能
1	U_{1rms}	三相恒压源 A 相输出电压有效值
2	I_{1rms}	三相恒压源 A 相输出电流有效值
3	U_{1thd}	三相恒压源 A 相输出电压 THD
4	U_{2rms}	三相 PFC 电路 A 相输入电压有效值
5	I_{2rms}	三相 PFC 电路 A 相输入电流有效值
6	I_{2thd}	三相 PFC 电路 A 相输入电流 THD
7	λ_2	三相 PFC 电路 A 相输入功率因数

13.2.4　三相交流功率因数校正电路实验结果及分析

1)数据分析

三相交流功率因数校正电路实验数据见表 13 - 6,测量所得的波形如图 13 - 10 所示。

表 13 - 6　三相交流功率因数校正电路实验数据

三相恒压源 A 相输出电压/V	三相恒压源 A 相输出电流/A	三相恒压源 A 相输出电压 THD/%	恒压源输出功率因数
4.986	1.212 7	0.92	0.922 73
三相 PFC 电路输入电压/V	三相 PFC 电路输入电流/A	三相 PFC 电路输入电流 THD/%	三相 PFC 电路输入功率因数
2.876 8	0.580 7	7.01	0.993 72

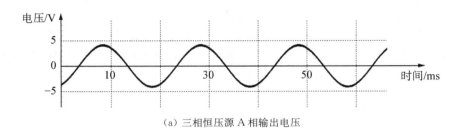

(a) 三相恒压源 A 相输出电压

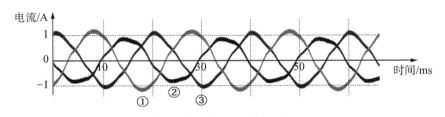

①—A 相;②—B 相;③—C 相

(b) 三相功率因数校正电路输入线电流

图 13 - 10　三相交流功率因数校正电路实验波形图

2) 实验数据指标达成

根据实验分析的结果可知,本实验最终完成以下主要指标:

(1) 三相恒压源输出电压 THD 小于 2%。

(2) 三相功率因数校正电路单相的输入电流 THD 小于 2%。

(3) 三相功率因数校正电路单相的输入功率因数大于 0.99。

13.2.5　全国大学生电子设计竞赛真题设计指标参考

2013 年全国大学生电子设计竞赛单相 AC - DC 变换电路(A 题)中要求:

实现功率因数校正,在 $U_i = 24\,V$,$I_o = 2\,A$,$U_o = 36\,V$ 条件下,使 AC - DC 变换电路交流输入侧功率因数不低于 0.97。

本章小结

本章介绍了单相交流功率因数校正电路和三相交流功率因数校正电路的拓扑。交流功率因数校正电路实验整体上是一个 DC - AC - DC 变换的过程。

使用两块核心开发板和四块通用半桥板完成了单相交流功率因数校正电路实验:其中一

块核心开发板和两块通用半桥板构成恒压源作为交流电网,另一组器件构成单相功率因数校正电路,恒压源的输出端连接一个电阻负载,功率因数校正电路的输入端连接恒压源的输出端,其输出端连接直流电子负载。

使用两块核心开发板和六块通用半桥板完成了三相交流功率因数校正电路实验:其中一块核心开发板和三块通用半桥板构成三相恒压源作为交流电网,另一组器件构成三相功率因数校正电路,三相恒压源的输出端连接一个星形连接的三相电阻负载,三相功率因数校正电路的输入端连接三相恒压源的输出端,其输出端的一相连接直流电子负载。

功率因数校正电路实验的电路拓扑由两条支路构成,其中一条支路的逆变电路作为恒压源控制模拟交流电网电压,另一条支路实现功率因数校正。功率因数校正电路实验的母线电流由恒压源的输出电压和电阻负载共同决定。因此,功率因数校正电路的输入电流设定值不能大于母线电流,否则会出现功率因数校正电路输入电流饱和的情况。

本章功率因数校正电路实验的并网算法与第12章交流电源均流电路实验类似,使用上升沿过零比较法。不同的是,功率因数校正电路需要从模拟电网获取电流,因此,在算法上需要将功率因数校正电路输入端电压电流相位差的目标值设定为180°。

第 14 章

综合电路——微电网模拟

∧

本章内容

本章结合全书内容,将三相交流电源均流电路实验与三相交流功率因数校正电路实验结合,模拟微电网的基本结构,设计综合应用实验。构建一个低压微电网以模拟现代电网,实现电源组网并经过三相功率因数校正电路整流后,给直流负载供电的全过程。本章将介绍微电网模拟综合电路的工作原理,并使用 X. Man 电力电子开发套件完成微电网模拟实验。

本章要求

1. 熟练掌握三相交流电源均流电路拓扑及其工作原理。

2. 熟练掌握三相交流功率因数校正电路拓扑及其工作原理。

3. 使用 X. Man 电力电子开发套件制作高精度、高效率的微电网模拟系统。

14.1 微电网模拟实验理论分析

近年来,光伏发电、风力发电等新能源发电技术逐步发展,在部分国家已经成为了主要发电方式之一。分布式电能的并网逆变技术是现代电网系统的核心技术之一。微电网(Micro-Grid)也称为微网,是指由分布式电源、储能装置、能量转换装置、负荷、监控和保护装置等组成的小型发配电系统。交流微电网是微电网的主要形式,分布式电源、储能装置等均通过电力电子装置连接至交流母线。微电网是一个可以实现自我控制、保护和管理的自治系统,它作为完整的电力系统,依靠自身的控制及管理供能实现功率平衡控制、系统运行优化、故障检测与保护、电能质量治理等方面的功能。微电网模拟实验将构建一个低压微电网以模拟现代电网,实现电源组网并经过三相功率因数校正电路整流后,给直流负载供电的全过程。

基于 X.Man 电力电子开发套件的微电网模拟实验电路拓扑如图 14-1 所示。三相逆变

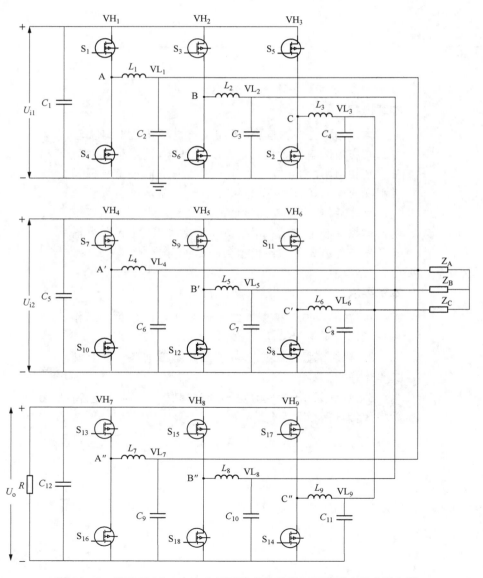

图 14-1 基于 X.Man 电力电子开发套件的微电网模拟实验电路拓扑

电路作为恒压源模拟电网;接入一个三相逆变电路构成的恒流源,模拟分布式电源并网的过程;然后接入三相功率因数校正电路,模拟用户侧从电网获取电能,并经过功率因数校正后给直流负载供电的完整过程。本实验中的三相全桥逆变电路、三相并网逆变电路和三相功率因数校正电路均各自由一块核心开发板、一块液晶显示屏和三块通用半桥板组成。图 14 - 1 中 U_{i1} 为三相全桥逆变电路的直流侧输入电压、U_{i2} 为三相并网逆变电路直流侧输入电压、U_o 为三相功率因数校正电路直流侧输出电压、阻抗 Z 为模拟的用户侧直流负载。

14.2　微电网模拟实验程序分析

本实验是由三相交流电源均流电路中的电压闭环模拟电网,电流闭环模拟小型发电厂并入电网和 PFC 电路的综合运用,方便读者更好地理解运用前面所介绍的内容。做实验时只须在前面实验基础上改变末端接线方式即可,程序可参考 12.2 节和 13.2 节。

14.3　微电网模拟实验过程

1) 实验要求

使用 X. Man 电力电子开发套件实现以下目标:

(1) 三相恒压源输出电压有效值 5 V,频率 50 Hz,误差小于 ±0.2 V,THD 小于 2%。

(2) 三相恒流源输出电流 0.5 A,误差小于 ±0.1 A,THD 小于 2%。

(3) 三相电阻负载电流 THD 小于 2%。

(4) 三相功率因数校正电路输入电流 THD 小于 2%,输入功率因数大于 0.98。

2) 实验器材

(1) 三相恒压源一个(一块核心开发板、一块液晶显示屏和三块通用半桥板)。

(2) 三相恒流源一个(一块核心开发板、一块液晶显示屏和三块通用半桥板)。

(3) 三相功率因数校正电路一个(一块核心开发板、一块液晶显示屏和三块通用半桥板)。

(4) 功率分析仪一台。

(5) 数字示波器一台。

(6) 直流稳压电源两台。

(7) 三相电阻负载一个。

(8) 直流电子负载一台。

(9) 杜邦线若干。

3) 实验设备连接

模拟微电网实验接线如图 14 - 2 所示。

两台直流稳压电源分别连接三相恒压源的 VL 端(输出端)和三相恒流源的 VH 端(输入端)。三相恒压源的 VL 端(输出端)连接三相电阻负载,构成交流电网。三相恒流源的 VH 端(输出端)连接三相恒压源的 VL 端(输出端)。三相 PFC 电源的 VL 端(输入端)连接交流电网,VH 端(输出端)连接直流电子负载。采用功率分析仪和数字示波器记录数据。其中,数字示波器显示三相恒压源单相输出电压波形、三相电阻负载和三相 PFC 电源的单相电流波形。

4) 实验步骤

设定直流稳压电源输出电压为 12 V,三相恒压源输出电压有效值 5 V,三相恒流源输出电流 0.5 A,记录三相恒压源输出电压有效值、输出电压 THD、输出电流有效值,三相恒流源输出电流有效值、输出电流 THD,三相负载电流有效值、负载电流 THD,三相功率因数校正电路

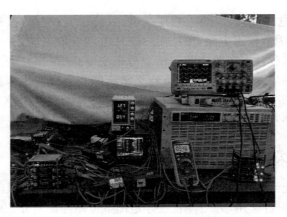

图 14-2 模拟微电网实验接线图

A 相输入电流有效值、输入电流 THD、输入功率因数。关闭三相功率因数校正电路的 PWM 控制信号,记录此时的三相恒压源输出功率因数,对比功率因数调整的效果。

5) **界面设置**

根据实验要求,本实验中分别设置了表 14-1 所示的三相恒压源菜单界面参数,表 14-2 所示的三相恒流源菜单界面参数,以及表 14-3 所示的三相功率因数校正电路菜单界面参数。

表 14-1 三相恒压源菜单界面参数

序号	名称	功　能
1	RunState	控制 PWM 开关输出
2	Duty[0]	通用半桥板 1 的占空比
3	Duty[1]	通用半桥板 2 的占空比
4	Duty[2]	通用半桥板 3 的占空比
5	SetFreq	设定频率
6	Set_Urms	输出线电压设定值
7	Amp	有效值幅值参数
8	Urms_Ave	输出线电压有效值平均值
9	CurrA	A 相线电流采样值

表 14-2 三相恒流源菜单界面参数

序号	名称	功　能
1	RunState	控制 PWM 开关输出
2	Set_Irms	设定电流有效值
3	ProtectIrms	电流有效值限幅值
4	Amp	输出电压幅值参数

(续表)

序号	名称	功　能
5	Urms_Ave	U_{AB} 线电压有效值的平均值
6	CurrA	A 相电流
7	CurrB	B 相电流
8	VoltH	半桥板 VH 端电压采样值
9	K_VoltH	半桥板 VH 端电压采样比例系数

表 14 - 3　三相功率因数校正电路菜单界面参数

序号	名称	功　能
1	RunState	控制 PWM 开关输出
2	IndexOffset	相位偏置
3	ProtectIrms	电流有效值限幅值
4	Amp	输出电压幅值参数
5	Urms_Ave	输出电压有效值平均值
6	CurrA	通用半桥板 1 电流采样值
7	CurrB	通用半桥板 2 电流采样值
8	VoltH	VH 端电压采样值
9	K_VoltH	VH 端电压采样比例系数

本实验中,三相逆变电源功率分析仪参数见表 14 - 4。

表 14 - 4　三相逆变电源功率分析仪参数

序号	名称	功　能
1	U_{1rms}	三相恒压源 A 相输出电压有效值
2	U_{1thd}	三相恒压源 A 相输出电压 THD
3	I_{1rms}	三相 PFC 电源 A 相输入电流有效值
4	I_{2rms}	三相恒流源 A 相输出电流有效值
5	I_{3rms}	三相负载 A 相电流有效值
6	I_{1thd}	三相 PFC 电源 A 相输入电流 THD
7	I_{2thd}	三相恒流源 A 相输入电流 THD
8	I_{3thd}	三相负载 A 相电流 THD
9	λ_1	三相 PFC 电源 A 相输入功率因数

14.4 微电网模拟实验结果及分析

1）数据分析

微电网模拟实验数据见表 14 - 5,测量所得的波形如图 14 - 3 所示。

表 14 - 5 微电网模拟实验数据

三相恒压源 A 相输出电压/V	三相恒压源 A 相输出电压 THD/%	三相恒压源 A 相输出电流/A	三相恒流源 A 相输出电流/A	三相恒流源 A 相输出电流 THD/%	三相恒压源 A 相输出功率因数
4.999	1.44	0.948	0.507 5	1.9	0.869 86
三相负载电流/A	三相负载电流 THD/%	三相 PFC 电路 A 相输入电流/A	三相 PFC 电路 A 相输入电流 THD/%	三相 PFC 电路 A 相输入功率因数	
0.594 7	1	0.868 2	1.99	0.991 17	

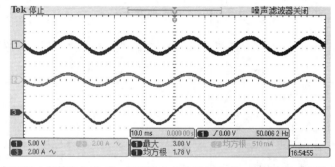

①—恒压源 A 相输出电压;②—恒流源 A 相输出电流;③—PFC 电路 A 相输入电流

图 14 - 3 微电网模拟实验波形图

2）实验数据指标达成

根据实验分析的结果可知,本实验最终完成以下主要指标:

(1) 三相恒压源输出电压误差小于±0.1 V,THD 小于 2%。

(2) 三相恒流源输出电流误差小于±0.1 A,THD 小于 2%。

(3) 三相电阻负载电流 THD 小于 2%。

(4) 三相功率因数校正电路单相的输入电流 THD 小于 2%。

(5) 三相功率因数校正电路单相的输入功率因数大于 0.99。

本章小结

本章介绍了一个综合电路应用,使用三块核心开发板、三块液晶显示屏和九块通用半桥板设计了微电网模拟实验。其中,第一组器件由一块核心开发板、一块液晶显示屏和三块通用半桥板构成三相恒压源作为一条支路,第二组器件构成三相恒流源作为另一条支路,两条支路的输出端都连接同一个三相电阻负载;第三组器件构成三相功率因数校正电路,对模拟电网做无功补偿后为直流负载供电。本实验融合了前述章节的知识点,有助于读者深入认识现代电网的结构和工作原理,同时加深对全书主要内容的理解。

第 15 章

串口示波器

本章内容

　　本章将介绍串口示波器的功能和使用方法,方便读者用软件实现数据采集、信号发生和数字滤波等操作,配合 X. Man 电力电子开发套件更好地处理电路实验。在没有台式示波器支持完成本书相关实验的情况下,串口示波器是一种很好的解决方案。

　　串口示波器软件及附赠材料请扫描书末二维码免费获取(即"附赠软件工具")。

本章要求

　　1. 了解串口示波器的各项功能。

　　2. 掌握串口示波器的使用方法。

15.1 串口示波器功能简介

本书配套的串口示波器软件用于提取串口数据或网络数据,并以波形或数值的方式显示出来,用于观察数据变化规律、设备调试、数学计算、理论分析和数据存储等。软件为绿色免费安装版,串口示波器主界面如图 15-1 所示。

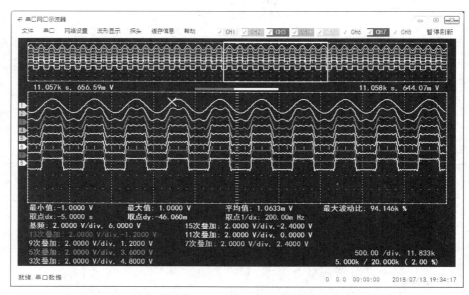

图 15-1 串口示波器主界面

该软件的主要功能如下:

1) **导入数据**

可以导入由真实示波器导出的 csv 原始数据,或者是符合规范的 csv 数据文件,以进行后期分析,如图 15-2 所示。图中左侧是泰克示波器导出的通道 3 原始数据,右侧是本软件导入后显示的波形。

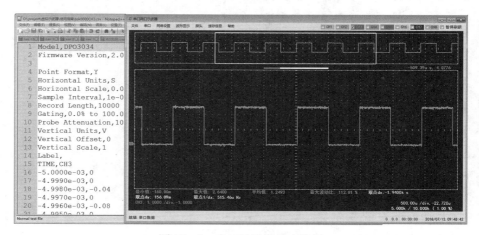

图 15-2 串口示波器导入数据

2）**双串口收发数据**

通过 PC 机的串口（可以同时使用两个串口）提取想要的数据，实时显示相应波形，串口数据可以是一帧数据的任何起始字节所拼成数据的某些位。串口示波器双串口收发数据如图 15-3 所示。

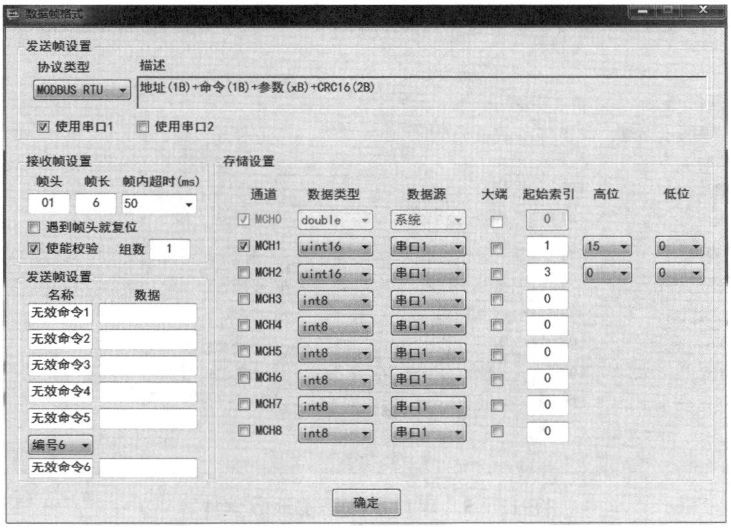

图 15-3　串口示波器双串口收发数据

3）**网络方式收发数据**

将软件配置为服务器或客户端，从局域网或公网上提取想要的数据，实现远程数据传输，并且可以设置过滤条件，去掉不需要的数据包。串口示波器网络方式收发数据如图 15-4 所示。

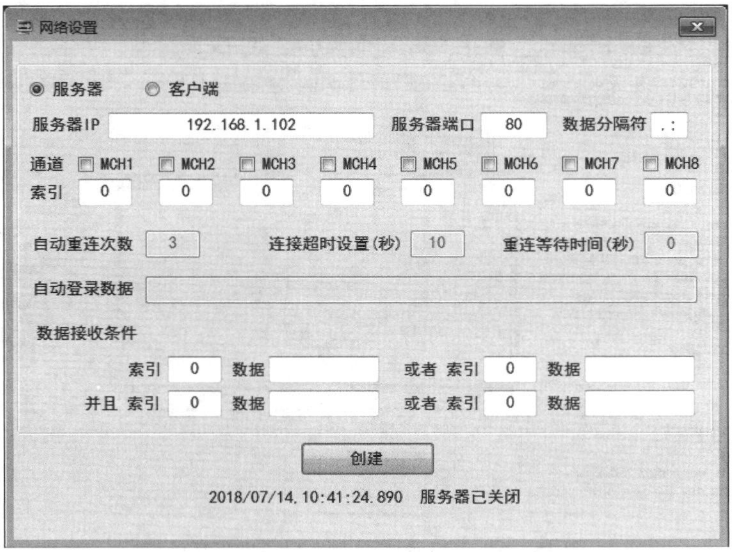

图 15-4　串口示波器网络方式收发数据

4）本地数学计算

通过串口示波器软件提取数据后，可以实时本地计算新的变量，公式多种多样，甚至可以将第一个等式作为其他等式的变量，组合出更复杂的公式。串口示波器本地数学计算如图 15 - 5 所示。

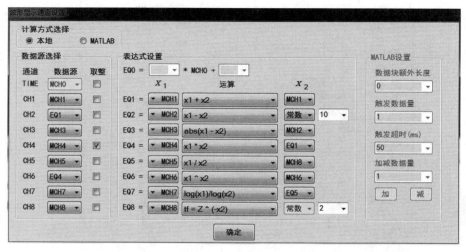

图 15 - 5 串口示波器本地数学计算

5）MATLAB 交互计算

可以跟 MATLAB 交互，充分利用 MATLAB 的函数进行更复杂的数学运算，例如 FIR 滤波、任意信号发生器等，MATLAB 部分的代码已经封装好接口，二次开发非常方便。串口示波器 MATLAB 交互计算如图 15 - 6 所示。

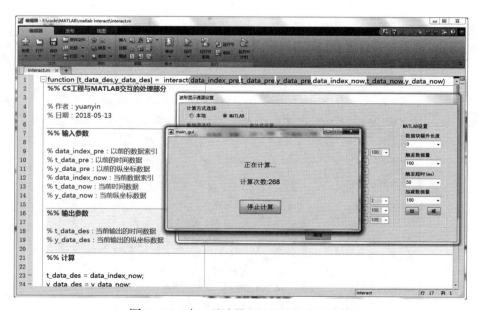

图 15 - 6 串口示波器 MATLAB 交互计算

6）显示方式设置

软件有非常丰富的显示方式，可以将波形细节放大，显示网格、零线等参数，显示特定的变量值等，如图 15－7～图 15－9 所示。

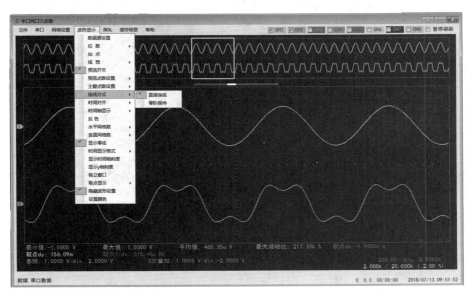

图 15－7　串口示波器显示界面 1

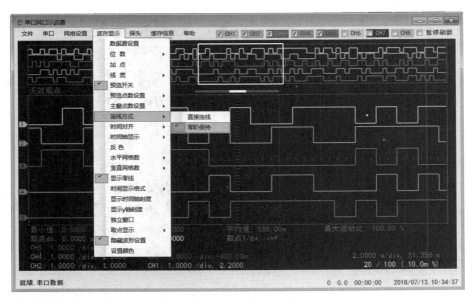

图 15－8　串口示波器显示界面 2

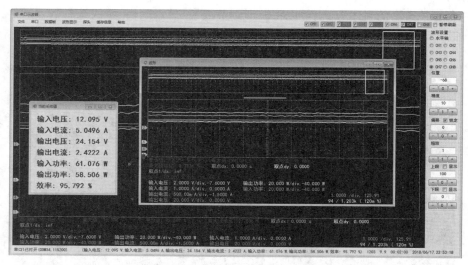

图 15-9　串口示波器显示界面 3

7）曲线取点

软件具体多种取点方式，有单一曲线取点、鼠标移动取点、所有通道取点等，以具体的数值显示波形上某一特定点的值，如图 15-10、图 15-11 所示。同时，取点可以按照工程计数法显示，也可以设置显示的数制为二进制、十进制、十六进制，如图 15-12 所示。

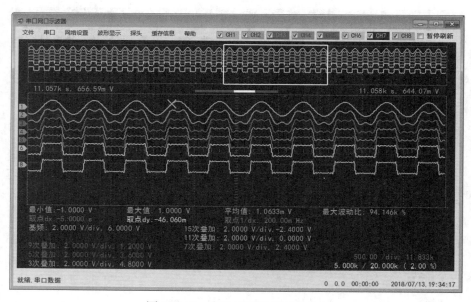

图 15-10　串口示波器曲线取点 1

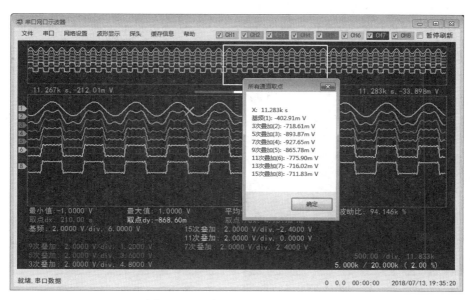

图 15 - 11 串口示波器曲线取点 2

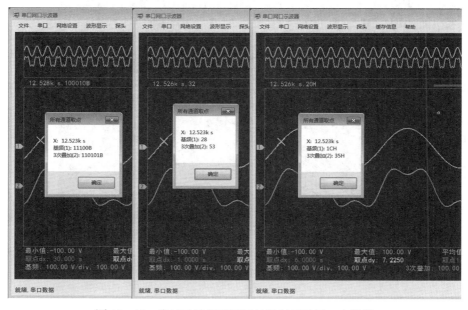

图 15 - 12 串口示波器以不同的数制显示同一点的值

8）通道名称和单位设置

每个通道的名称和单位都可以自行设置和修改，如图 15 - 13 所示。

9）显示区域上下限设置

可以添加和调整显示区域横纵坐标的上下限，如图 15 - 14 所示。

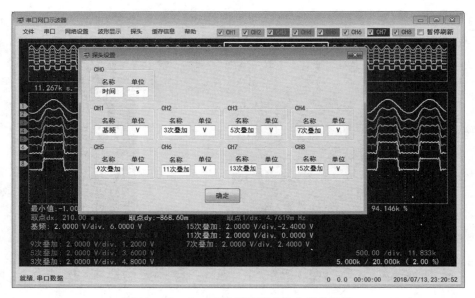

图 15 - 13 串口示波器通道名称和单位设置

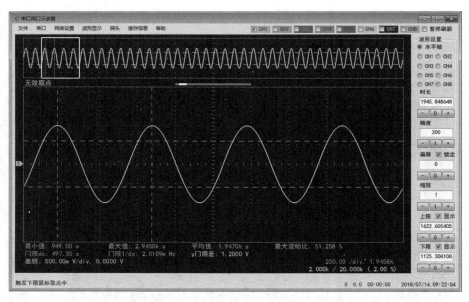

图 15 - 14 串口示波器显示区域横纵坐标上下限设置

10) 用户设置导入

软件为 400 个设置项自动存储,在启动时可以从用户设置文件中自动导入,免去重复设置某些控件的值,如图 15 - 15 所示。此外,还可以另存不同的用户设置作为备选,方便针对不同项目载入不同的设置项。

11) 自定义串口快捷命令

软件还配有串口自定义快捷命令按键,将"开机"的数据配置为"01",点击"开机"按键,就向串口对应发送"01"数值,如图 15 - 16 所示。

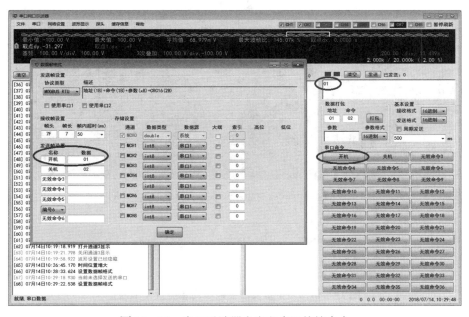

图 15‑15 串口示波器用户设置导入

图 15‑16 串口示波器自定义串口快捷命令

12）颜色设置

所有通道的颜色、波形背景色、网格颜色及主窗口背景色都可以根据需要设置和调整，如图 15‑17 所示。

13）面板布局和窗口大小设置

波形显示面板可设置为隐藏，串口接收发送区面板可以用鼠标拖动设置大小、波形大小和窗口大小也可以根据需要设置和调整，如图 15‑18 所示。

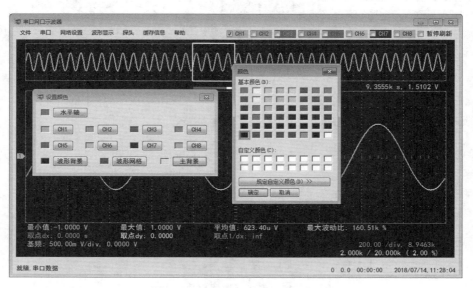

图 15‑17 串口示波器颜色设置

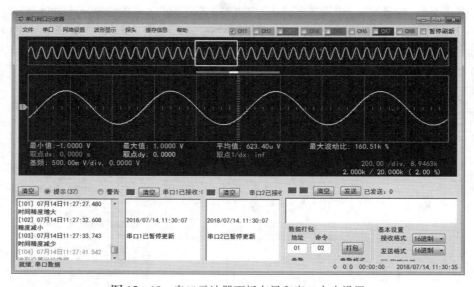

图 15‑18 串口示波器面板布局和窗口大小设置

此外,串口示波器软件具有非常方便的快捷方式操作,例如,可以用鼠标左键在主波形窗口边界单击完成波形的上、下、左、右移动,通过鼠标滚轮完成缩放操作,单击右键取单一曲线上的点,双击右键取所有显示曲线上的点等。

15.2 文件载入与导出

15.2.1 文件载入

1) 数据缓存文件载入

数据缓存文件可以是普通数字示波器导出的原始 csv 数据文件,或者是自定义的 csv 数据文件。点击主界面的"文件""载入缓存"，会自动将数据载入相应的通道，如果有名称和单位，会将通道名称和单位也自动载入，然后打开载入通道的显示，关闭没有数据的通道显示。串口示波器数据缓存文件载入如图 15 - 19 所示。

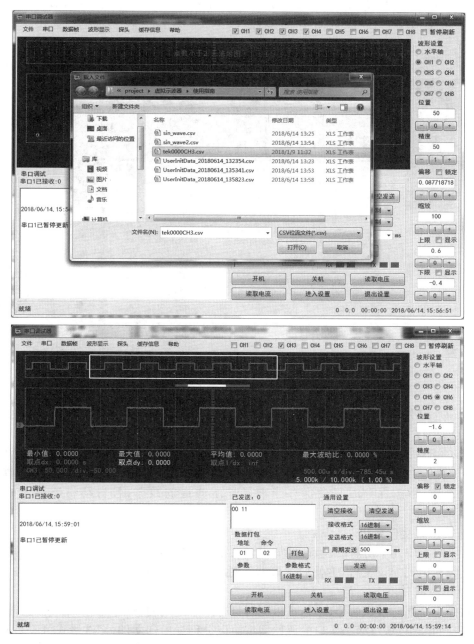

图 15 - 19 串口示波器数据缓存文件载入

2) 面板设置文件载入

面板设置文件包含几百个用户设置的参数，这些设置文件类似于用户初始化数据，可以自行打开文件编辑，也可以用串口示波器软件自动生成，需要时重新加载，如图 15 - 20 所示。需要注意的是,本软件对个别数据没有提供相应的设置界面。例如,8 个数据通道的缓存数据个数在 UserInitData. csv 中用"DOT_NUM_MAX"表示,串口原始数据个数用"RXD_RAW_DATA_NUM_MAX"表示,这两个变量最小取值为 100 KB,最大为 1 GB,根据需要用户可自行设置大小,如果电脑分配不了足够的内存空间,那么会自动降低将数据缓存"RXD_RAW_DATA_NUM_MAX"设置为 100 KB,"DOT_NUM_MAX"设置为 1 MB。

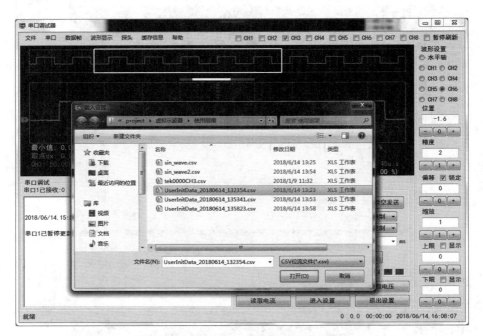

图 15 - 20 串口示波器面板设置文件载入

15.2.2　文件导出

1）**数据缓存文件导出**

串口示波器当前的数据缓存可以另存为新的. csv 文件,方便以后回看,选择保存缓存数据时,软件会根据当前时间自动生成对应的文件名,另存的缓存数据可以随意指定文件名。注意:数据保存时只会保存当前已显示通道的数据,且自动将通道名称和单位一起导出。

2）**面板设置文件导出**

串口示波器中几乎所有的设置,例如串口波特率、窗口大小及位置、数据帧格式等,都可以一次性全部导出到. csv 文件,方便后续根据不同的应用自行选择相应设置。

3）**串口数据导出**

本软件支持同时操作两个串口,可以同时打开两个不同的串口来提取相应数据,或者同时发送数据到两个串口,这两个串口的原始数据可以分别导出到文件,文件格式可以是原始二进制文件、. csv 文件、C 语言数组或文本文档等。

15.3　示波器界面

1）**主界面**

串口示波器主界面如图 15 - 21 所示。窗口左下方的测量值是基于主显示区所有的点计

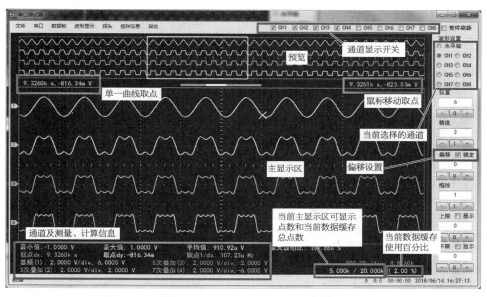

图 15 - 21 串口示波器主界面

算得出的,但不一定是当前所有缓存数据,同时,不管预览点数是多少,不影响测量和计算结果。因此,为了提高软件运行速度,可以适减少预览点数。窗口右下角可以显示当前数据缓存使用百分比,当串口采集数据时,缓存使用量超过设定阈值会弹出报警提示,软件默认阈值是90%。数据缓存满了后不能再保存新的数据,用户可以先存储当前缓存,再清空缓存,然后重新采集数据。串口的缓存是 FIFO,总是保存当前最新的数据,如果缓存满,那么自动丢弃最旧的数据。窗口右侧中间位置有偏移锁定选项,如果不选中,表示此通道的数据可以根据当前窗口数据的平均值自动设置。偏移量就是此平均值,用来显示数据的交流分量,如果勾选,软件不会自动设置偏移。主窗口波形取点时会在相应的曲线上画一个小叉,表示在此处取点。

2) **快捷方式操作**

直接在窗口右侧设置各个通道的位置和精度有的时候比较麻烦,本软件支持鼠标快捷方式操作,具体方法如图 15 - 22 所示。

此外,还可以采用快捷方式设置各通道波形显示上限和下限,例如,将通道 1 的上限设置为曲线的顶部,步骤如下:

(1) 选择通道 1 且勾选上限显示,如图 15 - 23 所示。

(2) 双击上限设置的文本框,左下角提示"触发上限鼠标取点中..."如图 15 - 24 所示。

(3) 鼠标右键按住不放上、下移动,调整波形的上限位置,上限文本框会自动输入当前移动的位置坐标,如图 15 - 25 所示。

(4) 设置为预期值后,点击一下左键自动取消取点,完成上限位置调整,如图 15 - 26 所示。

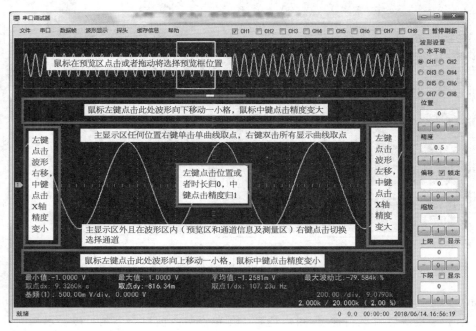

图 15 - 22 串口示波器主界面快捷方式操作

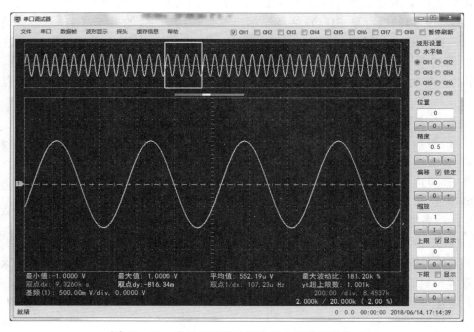

图 15 - 23 串口示波器波形显示上限设置操作 1

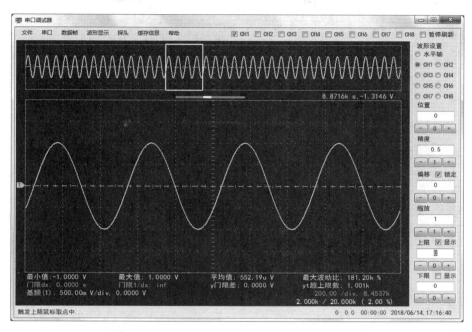

图 15‑24　串口示波器波形显示上限设置操作 2

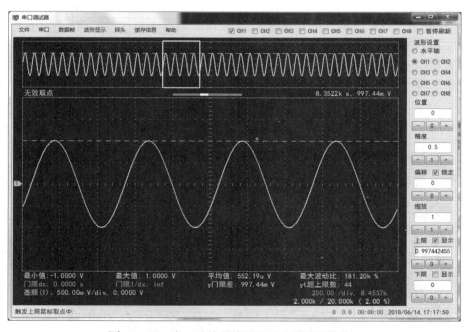

图 15‑25　串口示波器波形显示上限设置操作 3

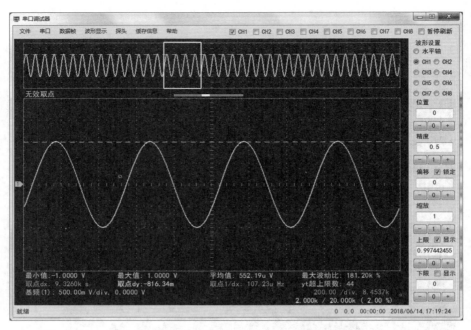

图 15 - 26　串口示波器波形显示上限设置操作 4

15.4　串口调试

　　串口参数设置窗口如图 15 - 27 所示,有两个串口可以同时使用,分别设置端口号、波特率等参数,波特率设置可以通过下拉菜单调整,也可以手动输入具体的数值,不仅限于下拉菜单提供的几个典型值。

　　串口数据的发送可以自动打包,打包方式有 MODBUS RTU 或通用方式,如图 15 - 28 所示。在发送时可以选择使用哪些串口发送,接收帧头设置里面的帧头用来启动一帧数据的解

图 15 - 27　串口示波器串口参数设置

图 15-28　串口数据发送帧设置（MODBUS RTU 和通用方式）

析，如果没有帧头，那么系统按照帧内超时设置的时间自动分隔数据帧。帧的长度表示一帧数据的最少字节数，如果收到的字节数低于此值，那么数据帧不解析。接收的数据帧不会进行校验，直接按照存储设置的规则进行存储。8 个存储通道的数据类型可随意设置，多字节的数据可以选择大端格式还是小端格式，无符号整型还可以选择提取哪些位。存储通道 0 用来存储数据帧收到的系统时间，用户不能操作。发送帧设置可以设置最多 6 组数据包对应的名称，以及相应的方便快捷发送命令。如果勾选"遇到帧头就复位"，那么一旦检测帧头，将重新开始解析数据包；如果勾选"使能校验"，那么接收的数据会按照指定的协议类型进行校验，如果校验失败将丢掉此帧数据。"组数"代表一帧数据单个通道的组数。

15.5　波形显示

1）预览设置

波形显示选项的预览开关打开后，可以预览当前所有数据缓存的值，在实时显示时为了提高电脑处理速度，一般会设置预览点数，预览点数不是无穷大时，软件在绘图时会自动跳过一些点,可能造成显示不准确,但处理速度可以大大提高,如图 15 - 29、图 15 - 30 所示。

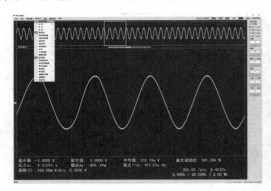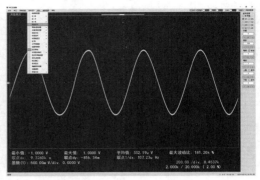

图 15 - 29 串口示波器预览开关打开前后波形对比

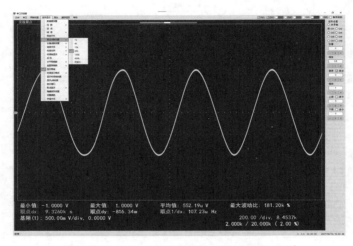

图 15 - 30 串口示波器预览点数设置为 40%

2) 鼠标右键取点

串口示波器鼠标右键单击和双击的取点操作如图 15 - 31 所示,在波形上单击鼠标右键,可以自动捕获离点击处最近的数据原始采样值,鼠标移动取点值是根据当前鼠标位置计算出来的一个值,这两个值不一定相等;鼠标右键双击,可以取所有显示通道的值。

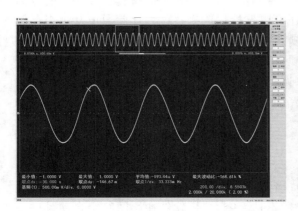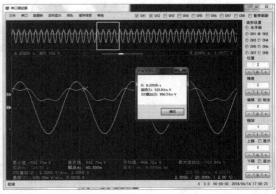

图 15 - 31 串口示波器鼠标右键单击和双击的取点操作

取点成功后,主显示区下方会自动显示当前取点跟上次取点的坐标变化量及横坐标变化量的倒数,两次取点可以是同一条曲线,也可以不是一条曲线。

3）连线方式

串口示波器在显示模拟量时一般选择直接连线,显示数字量的时候一般选择零阶保持,曲线上的原始采样值可以选择显示或不显示,如图 15-32 所示。

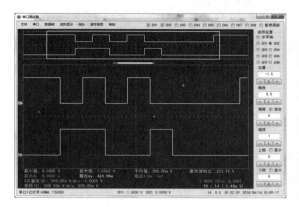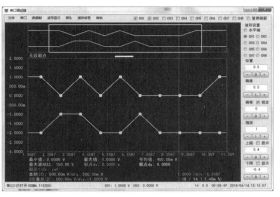

图 15-32　串口示波器显示模拟量和数字量时的不同连线方式

15.6　数学运算

串口示波器软件会将用户导入的数据或串口采集的数据存储在对应的存储通道,用 MCHx 表示,x 的取值是 0～8。其中,MCH0 仅能用来存储串口数据包接收的时间。MCH1～MCH8 用来存储 8 个数据通道的原始数据,但显示的波形往往需要由原始数据经过数学计算后给出,因此显示通道可以选择原始存储通道的数据或经过数学运算后的数据。例如,原始数据是单片机的 ADC 转换结果,如果想显示换算后的电压,那么可以用数学公式进行换算,本地支持的数学运算有加、减、乘、除、指数、对数、绝对值及延时运算,并支持将一个数学运算的结果作为另一个运算的输入变量,使得本地数学运算非常灵活。面对某些更复杂的数学运算,例如 FIR 滤波、信号发生等,本软件还支持与 MATLAB 交互,使得数学运算更加强大、灵活。

15.6.1　本地数学运算

如图 15-33 所示,可以打开本地数学运算,默认的显示通道分别与存储通道相对应。如果将通道 2 用来显示存储通道 1 中数据的 2 次幂,那么设置方法及运算结果如图 15-34 所示。

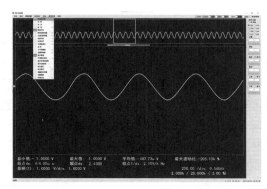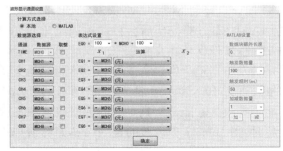

图 15-33　串口示波器打开本地数学运算设置

 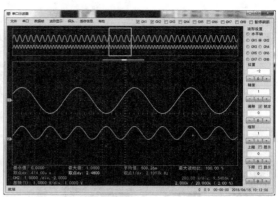

图 15 - 34 串口示波器通道 2 经本地数学运算后显示存储通道 1 中数据的 2 次幂

15.6.2 MATLAB 交互运算

使用 MATLAB 与串口示波器软件进行交互数学运算的流程如下：

（1）运行 MATLAB 软件（版本 R2017a），打开"interact. m"文件，根据需要编辑计算公式，可以在软件运行的任何时候根据需要修改此文件，如图 15 - 35 所示。

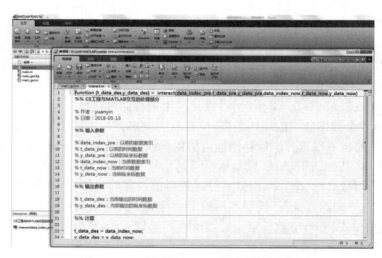

图 15 - 35 打开"interact. m"文件编辑公式

（2）打开如图 15 - 36 所示的"main_gui. m"文件并运行，点击"开始计算"。

（3）运行串口示波器软件，并依次点击"波形显示""数据源设置"，计算方式选择MATLAB。在与 MATLAB 交互时，串口示波器会先发送给 MATLAB 软件一个矩阵 A，经过 MATLAB 计算完毕后会自动返回给串口示波器一个矩阵 B，交互需要花费 CPU 一点时间，因此，软件支持在交互数据的数量到了一定程度后一起打包通信，以提高处理速度，该数量就是触发数据量。串口示波器和 MATLAB 交互运算参数设置如图 15 - 37 所示。将触发数据量设置为 100，表示通常要累积至少 100 个数据时才交互一次。有时候数据采集速度很慢，可能要等很久才能采集到足够的数据达到触发数量。为了使得显示刷新快一点，可以设置触发超时，图 15 - 37 中设置的是 50 ms，意味着如果 50 ms 内没有达到触发数量，那么强制交互一次。这样既满足处理速度，又不至于刷新太慢。某些数学运算结果还跟以前的数据有关，例

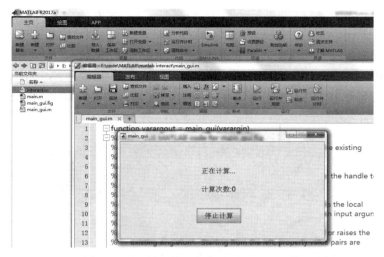

图 15 - 36　打开并运行"main_gui. m"文件

图 15 - 37　串口示波器和 MATLAB 交互运算参数设置

如 FIR 滤波,本软件可以设置每次交互时发送多少组以前的数据,用数据块额外长度表示。此外,还可以选择强制增加或减少某个数据的数量,例如,在做信号发生器使用时可以选择强制增加数据量。全部参数设置完毕后需要点击确定,这样串口或导入的数据将按设定状态自动跟 MATLAB 进行交互运算。

15.7　应用举例

15.7.1　测试开关电源效率

本例要求使用一个 12 V 升压到 24 V 的开关电源,采用串口示波器的波形输出实时显示转换效率。开关电源的 MCU 自带 12 位 ADC,可以读取 4 个 ADC 结果,分别代表输入电压 U_1、输入电流 I_1、输出电压 U_2、输出电流 I_2。U_1 为 15 V 时 ADC 转换结果是 4 095,I_1 为 7 A 时 ADC 转换结果是 4 095,U_2 为 30 V 时 ADC 转换结果是 4 095,I_2 为 3.5 A 时 ADC 转换结果是 4 095。MCU 每隔 100 ms 会将这 4 个 ADC 转换结果原始值直接依次用串口发出,串口波特率为 115 200,每个 ADC 结果是一个 16 位无符号数,先发低字节再发高字节,4 个 ADC 结果共 8 字节。因此,每隔 100 ms 发送一次 8 字节的数据包,为了简单起见,没有设置帧头和校验。串口示波器软件的操作步骤如下:

(1) 设置串口数据帧,帧长为每一批数据的字节数 8,MCU 是每隔 100 ms 发送一次,软件设置帧内超时一般要小于实际值,此处选择 50 ms,存储通道 MCH1~MCH4 分别存储 U_1、I_1、U_2、I_2 的 ADC 原始转换结果,如图 15 - 38 所示。

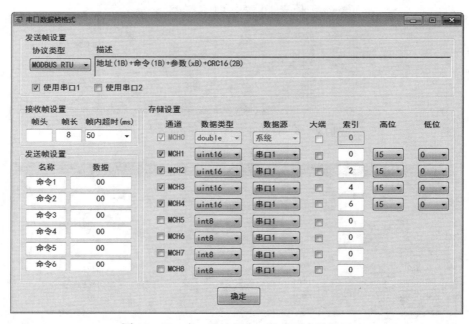

图 15 - 38 串口示波器串口数据帧参数设置

(2) 计算得出每个 ADC 转换的数值结果跟实际电压电流的比例系数分别是 4 095/15＝273,4 095/7＝585,4 095/30＝136.5,4 095/3.5＝1170,按照图 15 - 39 依次编辑公式 EQ1~EQ4,EQ5、EQ6 分别表示输入、输出功率,EQ7 表示转换效率的数值,EQ8 是效率的百分比值。

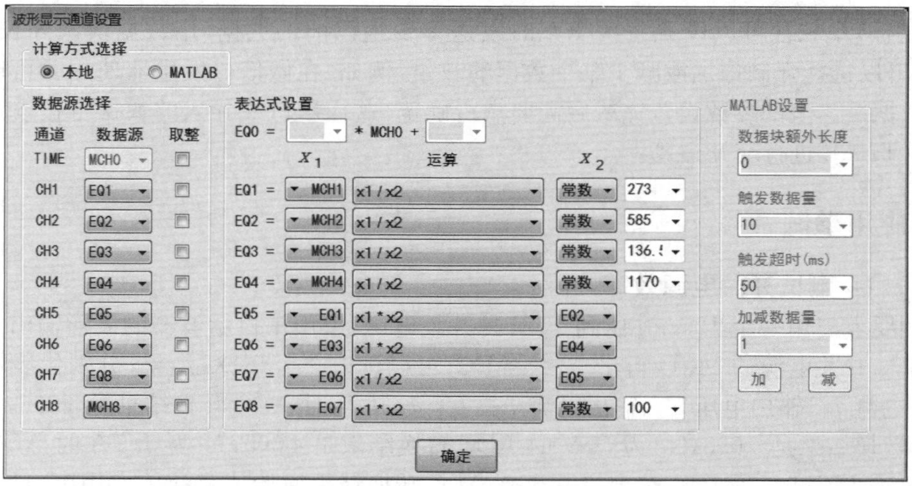

图 15 - 39 串口示波器波形显示通道参数设置

（3）点击"探头"，编辑每个示波器通道的名称和单位，如图 15-40 所示。

（4）设置串口参数，如图 15-41 所示，此处串口号是 34，根据硬件资源的不同，串口号可以是其他值。

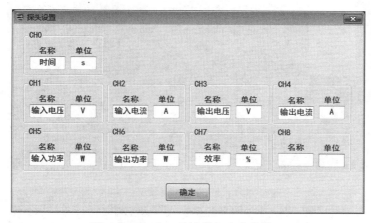

图 15-40 串口示波器探头参数设置

图 15-41 串口示波器设置串口参数

（5）打开串口后，即可开始显示波形，设置好通道的精度和位置，显示效果如图 15-42 所示。也可以点击"波形显示"中的"独立窗口"选项，显示当前采样值和第 2 张波形图，如图 15-43 所示。

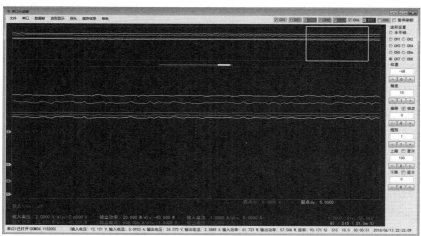

图 15-42 串口示波器显示波形

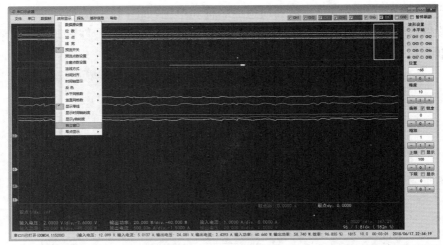

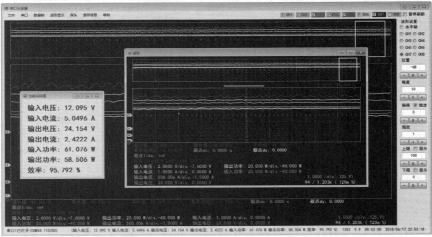

图 15-43 串口示波器采用独立窗口显示波形

15.7.2 模拟信号发生器

串口示波器还可以在没有任何输入信号时,作为信号源输出,下面以方波合成为例,说明如何模拟信号发生器使用。本例会用到 MATLAB 并与之交互,数学运算部分用 MATLAB 的源代码实现。串口示波器软件的操作步骤如下:

(1) 编辑 MATLAB 的"interact. m"文件,代码如下:

```
t_data_des = data_index_now;
y_data_des = y_data_now;
w1 = data_index_now/500 * 2 * pi;
y_data_des(:,1) = sin(w1);
y_data_des(:,2) = y_data_des(:,1) + sin(w1 * 3)/3;
y_data_des(:,3) = y_data_des(:,2) + sin(w1 * 5)/5;
y_data_des(:,4) = y_data_des(:,3) + sin(w1 * 7)/7;
y_data_des(:,5) = y_data_des(:,4) + sin(w1 * 9)/9;
y_data_des(:,6) = y_data_des(:,5) + sin(w1 * 11)/11;
```

$$y\_data\_des(:,7) = y\_data\_des(:,6) + \sin(w1 * 13)/13;$$
$$y\_data\_des(:,8) = y\_data\_des(:,7) + \sin(w1 * 15)/15;$$

（2）运行"main_gui.m"，点击"开始计算"。

（3）打开串口示波器，依次点击"波形显示""数据源设置"，选择 MATLAB，设置波形显示通道参数，如图 15‐44 所示，点击"加"，再点击"确定"。

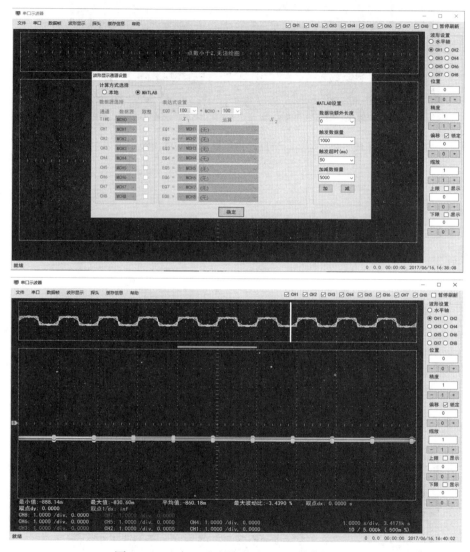

图 15‐44　串口示波器波形显示通道参数设置

（4）设置好波形的位置和显示精度，去掉曲线加点，显示效果如图 15‐45 所示。

（5）还可以将每个通道赋予名称，需要在探头设置界面中调整，如图 15‐46 所示。最终的显示效果如图 15‐47 所示。

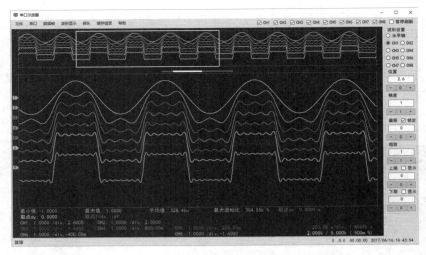

图 15 – 45　串口示波器作信号发生器的输出波形效果 1

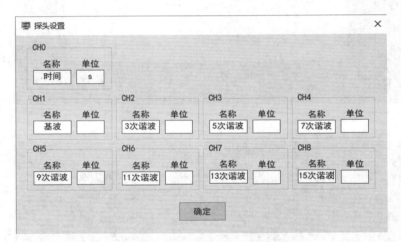

图 15 – 46　串口示波器探头设置界面操作

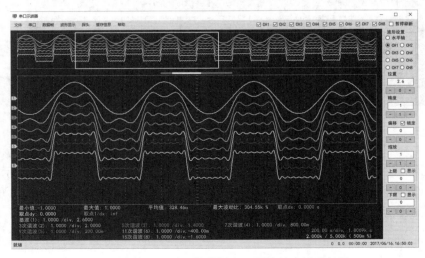

图 15 – 47　串口示波器作信号发生器的输出波形效果 2

15.7.3 滑动平均值滤波

本例的输入信号是 12 V 电压经过 AD 转换结果后换算出的电压值,单位为 mV。MCU 将换算出来的电压直接通过串口发送给上位机,数据包含两字节,由于此电压包含很多噪声信号,导致电压一直在波动。上位机读取电压后需要显示原始结果及经过 20 个数据点的滑动平均滤波后结果。串口示波器软件的操作步骤如下:

(1) 设置串口数据帧,参数设置如图 15-48 所示。

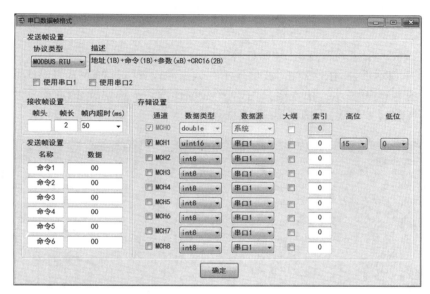

图 15-48 串口示波器串口数据帧参数设置

(2) 点击"探头",编辑每个示波器通道的名称和单位,如图 15-49 所示。

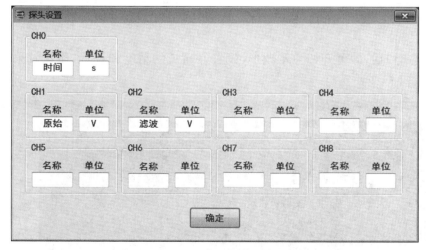

图 15-49 串口示波器探头参数设置

(3) 编辑 MATLAB 的"interact. m"文件,代码如下:

t_data_des = t_data_now;

y_data_des = y_data_now/1000;

len_pre = length(y_data_pre(:,1));

len_now = length(y_data_now(:,1));

for i = 1:len_now

　　y_data_des(i,2) = (sum(y_data_pre(i:len_pre,1)) + sum(y_data_now(1:i,1))))/(len_pre + 1);

　　y_data_des(i,2) = y_data_des(i,2)/1000;

end

（4）运行"main_gui. m"，点击"开始计算"。

（5）打开串口示波器，依次点击"波形显示""数据源设置"，选择 MATLAB，设置波形显示通道参数，如图 15-50 所示。由于要采用 20 个数据作滑动平均滤波，因此交互时需要额外 19 个数据，加上当前的 1 个数据，构成 20 个数据点。

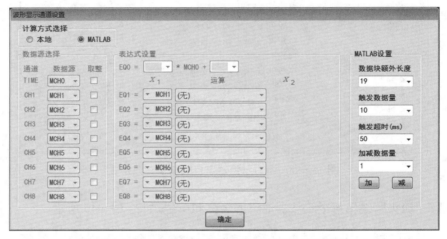

图 15-50 串口示波器波形显示通道参数设置

（6）打开串口后，即可开始显示波形，设置好通道的精度和位置，显示效果如图 15-51 所示。

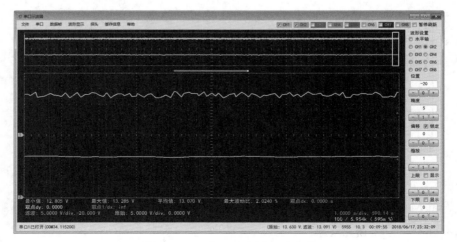

图 15-51 串口示波器显示波形

15.7.4　采集局域网数据

在同一个局域网内,将一个设备(可以是电脑或联网的智能设备)的数据通过网络发送给串口示波器软件,实现数据的提取及显示。假设数据包格式是"name_local,name_remote,name_var,value;",分别表示本地名、远程名、变量名、变量值,每个字段用逗号隔开,每个数据包用分号隔开。串口示波器软件的操作步骤如下:

(1)点击"串口""输入选择",选择数据源为网络数据,如图 15-52 所示。

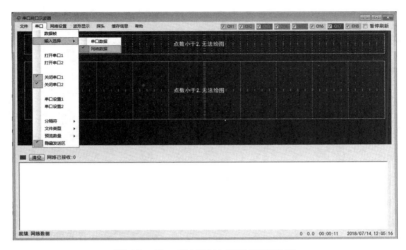

图 15-52　串口示波器数据源选择

(2)打开本软件的网络设置,配置成服务器,IP 地址默认是本机的 IPv4,假定使用端口号是 65530,数据分隔符分别是数据包内的字段分隔符和数据包之间的分隔符。本例需要采集的值索引号为 3,条件过滤设置为只接收索引 1 数据为"host"且索引 2 数据为"volt"的数据包,然后点击"创建",如图 15-53 所示。

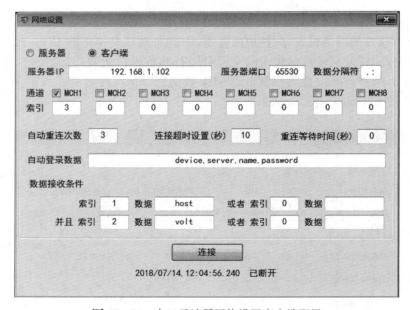

图 15‑53 串口示波器网络设置服务器配置

（3）再打开一个串口示波器软件的窗口,操作方法和上面类似,配置成客户端,如图 15‑54 所示。

图 15‑54 串口示波器网络设置客户端配置

（4）点击客户端的"连接",将客户端连接至服务器,如图 15‑55 所示,提示连接成功信息。

（5）串口示波器客户端每发送一个数据包,服务器会收到相应的数据包,并且解析出对应的数据,如图 15‑56 所示。

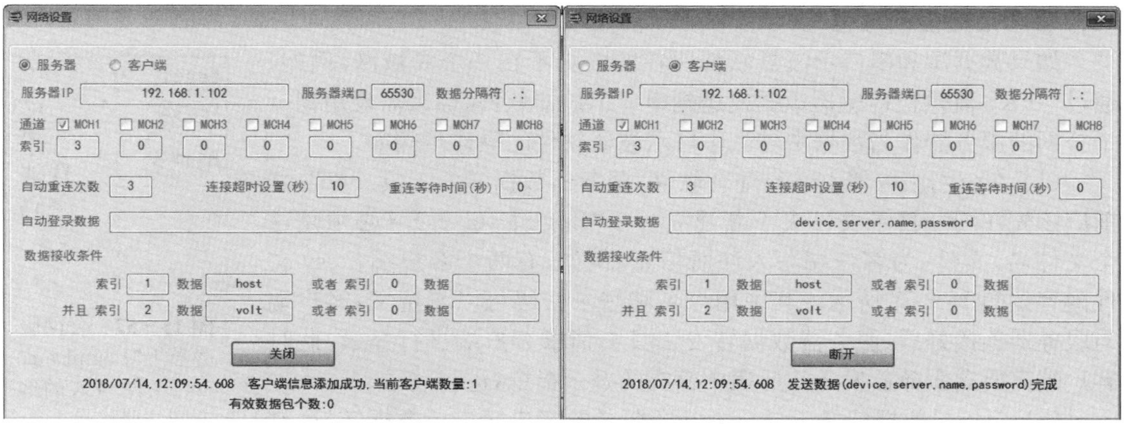

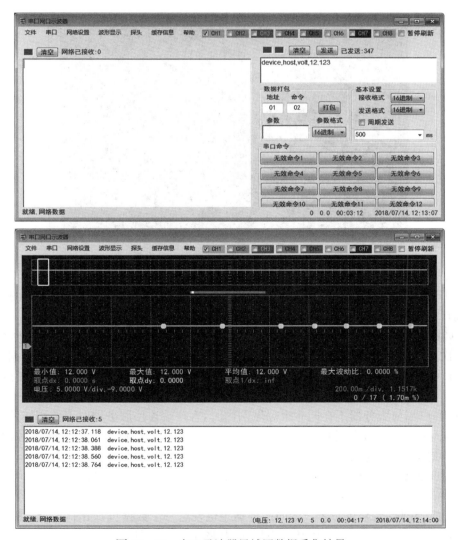

图 15－55 串口示波器客户端成功连接至服务器

图 15－56 串口示波器局域网数据采集结果

15.7.5 采集公网数据

如果数据源和串口示波器软件所在的电脑不在一个局域网,例如,通过 GPRS 流量把传感器数据发送到串口示波器软件,那么需要用到一个公网的服务器作为数据中转。串口示波器软件的操作步骤如下:

(1) 在公网服务器上运行配套软件"服务器数据转发工具.exe",之前应该先在同一目录文件夹下新建立一个"LoginData.csv"(必须是这个文件名)文件,为客户端写入注册信息,例如,有两个客户端,.csv 文件内容如图 15 - 57 所示。其中用户名和登录密码可以自定义,客户端与服务器连接好后,服务器数据转发工具会请求客户端进行登录,此时客户端需要向服务器发送注册表中存在的登录指令,进行登录。

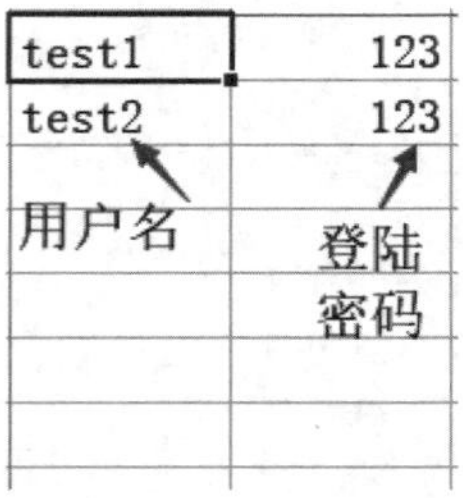

图 15 - 57 公网服务器上"LoginData. csv"文件写入的客户端注册信息

(2) 服务器数据转发工具只为已经登录的客户端进行数据转发,打开"服务器数据转发工具.exe",界面如图 15 - 58 所示。

图 15 - 58 服务器数据转发工具界面

其中 IP 为本地 IP;PORT 为端口号,可以自定义,注意:不要与 TCP 协议中的一些特定的默认端口号相同;ListenNum 为服务器数据转发工具可监听的客户端数目。

(3) 如图 15 - 59 所示,配置好相关的网络设置。依次点击"串口""输入选择""网络数据",再依次点击"网络设置""选客户端""设置服务器端 IP 和端口号""自动登录数据"[用步骤(1)中在"LoginData.csv"写好的用户名和密码],点击"连接",得到如图 15 - 60 所示的运行结果。

注意:客户端与服务器不在同一个局域网内时,客户端连接服务器时不要用转发工具读到的本地 IP,而要用服务器的外网 IP 进行连接;客户端和服务器在同一局域网内时,客户端用服务器的本地 IP 进行连接。

(4) 同理配置好另外一个数据源的客户端,点击"连接",得到如图 15 - 61 所示的运行结果。

(5) 完成公网数据采集。客户端向服务器主机发送一个数据包,如图 15 - 62 所示。

服务器收到数据包后,向主机转发数据包,如图 15 - 63 所示。

主机收到服务器的数据包后,以波形方式显示出来,如图 15 - 64 所示。

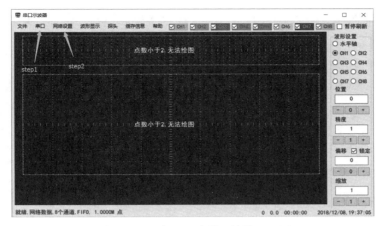

图 15 - 59　串口示波器网络设置配置

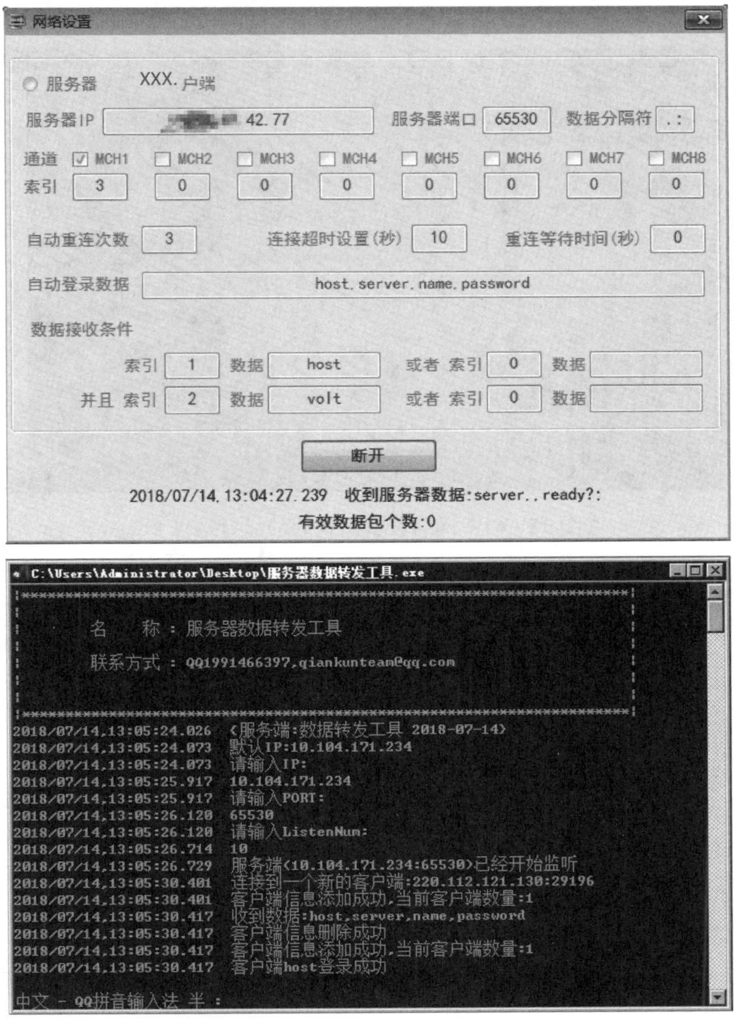

图 15 - 60　网络设置配置后的运行结果 1

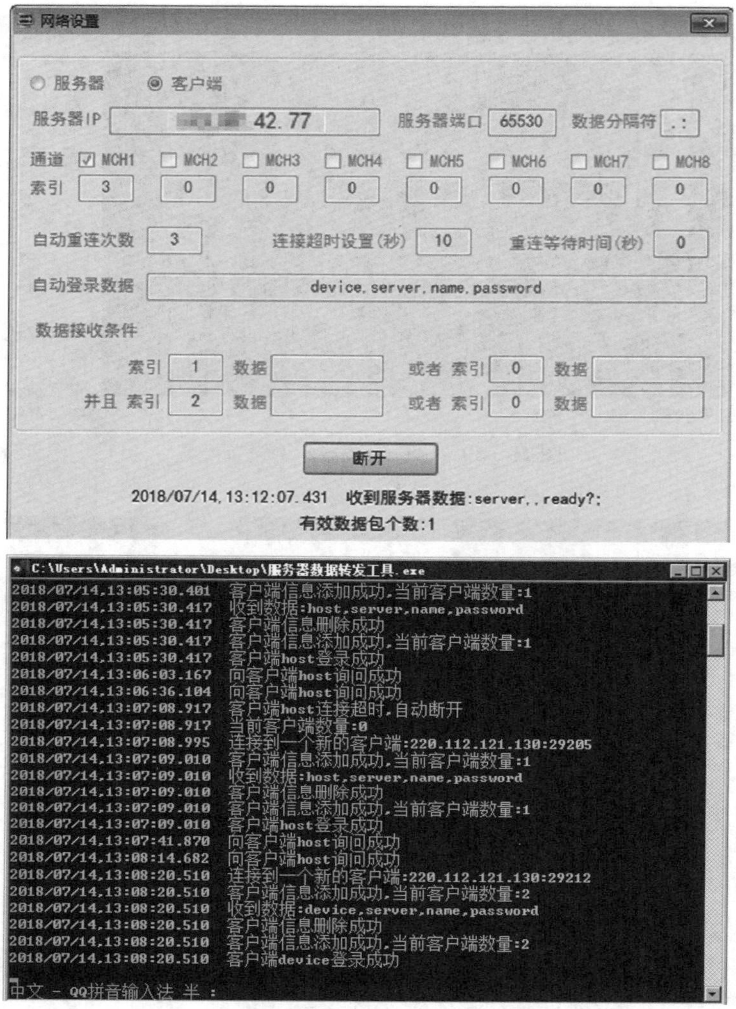

图 15-61 网络设置配置后的运行结果 2

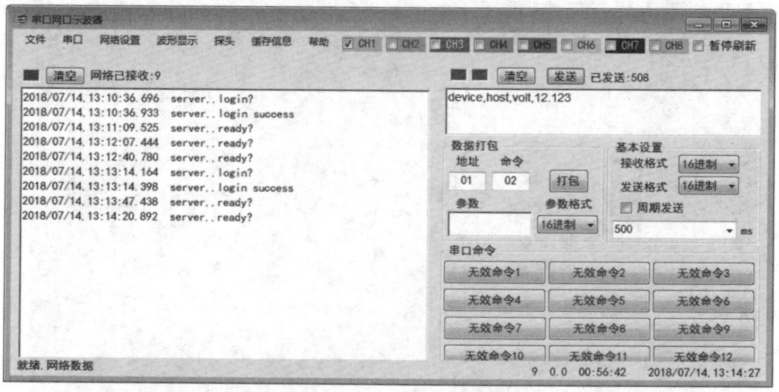

图 15-62 客户端向服务器主机发送的数据包

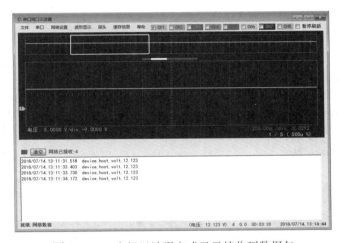

图 15 - 63　服务器向主机转发数据包

图 15 - 64　主机以波形方式显示接收到数据包

至此,实现了公网(外网)数据采集的功能。当然,数据是可以双向发送的。

15.7.6　解析数组数据包

某些数据包可能包含数组,例如,一帧数据有两个通道,每个通道的数据是两个元素的数组,数组元素类型是 16 位整型,帧头为 0×AA,数据帧格式设置如图 15 - 65 所示。

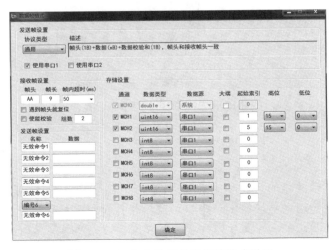

图 15 - 65　包含数组的数据帧格式设置

接收到的串口数据如图 15-66 所示,红色方框中解析出来的数据是通道 1 为 1 和 2,通道 2 为 3 和 4。

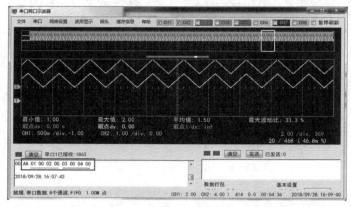

图 15-66 解析包含数组的数据包波形

15.7.7 分批更新数据包

串口示波器软件可以设置收到规定的字节数后才开始解析并刷新显示。例如,一个波形是周期性的波形,为了稳定地显示一个周期的波形,那么必须收到整数个周期的数据包后才刷新并显示。图 15-67 所示是每收到 500 字节就解析刷新一次,如果"分批更新字节数"参数设置为 0,那么立即解析并刷新。

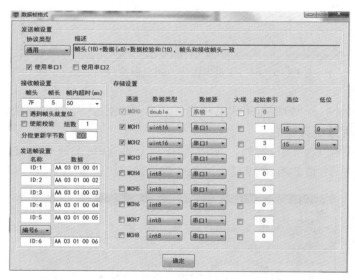

图 15-67 分批更新字节数配置

本章小结

本章介绍了串口示波器的功能和使用方法,给出了部分应用案例,可以配合 X. Man 电力电子开发套件更好地处理电路实验。该串口示波器软件及附赠材料请扫描书末二维码免费获取(即"附赠软件工具")。

参 考 文 献

［1］王兆安,黄俊. 电力电子技术［M］. 北京：机械工业出版社，2011.

［2］王楠，沈倪勇，莫正康. 电力电子应用技术［M］. 北京:机械工业出版社，2014.

［3］刘火良，杨森. STM32 库开发实战指南［M］. 北京:机械工业出版社，2013.

本书配套数字交互资源使用说明

---------- ━ ----------

针对本书配套数字资源的使用方式和资源分布，特做如下说明：

用户（或读者）可持移动设备打开移动端扫码软件（如微信等），扫描教材中有关内容位置的二维码，即可免费在线浏览视频教程，以及免费下载和获取软件、代码。

1. 视频教程

视频教程二维码和教材中有关内容位置对应关系参见下表：

扫描对象位置 （二维码位置）	数字资源类型	数字资源名称
7.3 节 4)	视频	升降压斩波电路实验步骤
8.3 节 4)	视频	直流电子负载恒压模式实验步骤
	视频	直流电子负载恒流模式实验步骤
	视频	直流电子负载恒阻模式实验步骤
9.3 节 5)	视频	单相逆变电路实验步骤
10.3 节 4)	视频	三相逆变电路实验步骤
11.3 节 4)	视频	直流电源均流电路实验步骤
12.2.3 节 4)	视频	交流电源均流电路实验步骤

2. 软件、代码

读者扫描以下二维码后可以下载：

附赠代码

附赠软件工具